京都北山　京女の森

森の案内人
高桑　進

ナカニシヤ出版

はじめに

森は人間の故郷《ふるさと》であり、そこには多くの生き物がすんでいる。森に入るとなぜか心が落ち着き、心が癒《いや》された経験があるだろう。森は数百万年前には私たち人類が生活していた安全な場所であり、森の緑の中で暮らしていたからだ。きっと、私たちの遺伝子には森が安全な空間であることが刷り込まれているに違いない。

いうまでもなく、森が多くの文明を生み出してきた。文明を生み出した母なる森の持つ力を忘れてはいけない。森にすむ虫や、鳥や、草や木や、さまざまな動物たちと直接触れあうことでヒトの身体は癒される。森のいのちには不思議な力が秘められている。さまざまな生物の持つ美しさや命の不思議さに驚かされ、私たちは森から多くのことを学ぶことができる。

このような「森の持つ教育力」に気づき、これを積極的に利用する教育活動が始まっている。学校の校庭に小さな森を育てることで、子どもたちが森の素晴らしさやそこにすみつく虫や鳥などのいのちに触れる機会をつくり出している。このような小さな森でも、体内に潜《ひそ》んだ野性の生命力を呼び覚まされた子どもたちは生き生きとしてくる。森が子どもたちの眼を輝かせるのである。

一方、大人たちも、残されている本物の森を頻繁に訪れるようになってきた。

今では忘れさられた森でのさまざまな生活技術や知恵、動物や植物に関する村人の深い知識を学べば学ぶほどに大人たちの眼も生き生きとしてくるのである。まるで身体の中に今まで使われずに眠っていた森の遺伝子が再び活動しはじめたようだ。

ようやく日本人は森の持つ多機能性に気づきはじめ、森は素晴らしい教育力を発揮しはじめたように思われる。

京都市の中心街からわずか一時間ばかりの所に、小さな自然の森がある。この森にはアシウスギと呼ばれる千年杉や、数百年も生き延びてきた赤松の巨木が見つかった。この森にはイヌブナやミズナラが生育し、さまざまな野鳥や昆虫たちが繁殖している。また、蛇や蛙、姫鼠や赤鼠、鼬《いたち》や貂《てん》、鹿や猪といった野生の哺乳類のすむ森でもある。このような極めて自然度の高い森が、京都市内に残されていたことは驚くべきことである。

この森が本書で紹介する「京女《きょうじょ》の森」である。この森に出かけて、森のいのちと触れあうことで人間らしい感性を呼び覚まして欲しい。十二年前にはじめた女子学生と専門家との協同作業から、この森が京都北山を代表する素晴らしい自然にあふれていることが明らかとなった。わが国には、そこかしこに素晴らしい自然環境が残されている。私たちはこのような忘れ去られた里山を、もう一度見直す必要があるだろう。

アメリカの田舎をドライブすると、所々にロード・サイド・パークと書かれた自然公園がある。車道から少し入ったところに車を止めて、気楽に歩き回れる小さな自然公園である。そこには、入口に簡単な案内板があり、いくつかのルートで歩き回れることが示されている。自分の好きなルートを歩いて、一時間ほどで元の場所に戻ることができる。このような自然公園は、とりたてて珍しい生き物がいるわけではないが、その土地その土地の自然環境を知るには大変便利である。

振り返ってわが国を見ると、確かに国立や県立の自然公園はすばらしい環境であり、毎年多くの人々がそこを訪れる。しかし、自分が生まれ育ったか祖父母が住んでいる田舎である里山の方が、はるかに素晴らしい自然環境である場合が多いのではないだろうか。何も特別に保護された場所だけではなく、ごく普通の田舎の自然にこそ多くの生き物がすんでいる。これから人類が共生すべき自然とはどのような構造と姿をしているかを、京女の森を観察することで学んでほしい。

この森に入ると、女子学生だけでなく大人も子どもも眠っている森の遺伝子が活性化し、身体が森との一体感を取り戻すことができる。このような森で「いのちの不思議」を体験し、すべてのいのちを大切にする教育——それが私が提唱する生命環境教育であるが——を、皆さんとともに実践してゆきたい。

京都北山　京女の森　目次

「京都北山　京女の森」　正誤表

頁	行	誤	正
p．11	地図の中	アマカツの三姉妹	アカマツの三姉妹
（p．35、p．59、p．81も同様）			
p．19	2行目	今日吉（いまひよし）	新日吉（いまひえ）
p．46	11行目	白然	自然
p．69	13行目	妙めて	炒めて
p．79,81	頁の上	秋のいのち	冬のいのち
p．107	6行目	チロセ谷	チセロ谷
p．150	6行目	吉見昭	吉見昭一
p．185	9行目	松爾	松彌
p．191	9行目	身近かな自然	身近な自然
p．193	5行目	技葉	枝葉
p．225	5行目	港井大八郎	港井大八朗
p．225	後から2行目	中西建夫	中西健夫
p．233	13行目	ハト科」	ハト科
p．233	下から4行目	コマドリ」科	ヒタキ科
p．238	中央	セセチヨウ科	セセリチョウ科
奥付	15行目	一演習編	一演習論

ようこそ「京女の森」へ

「京女《きょうじょ》の森」は、京都女子大学のある東山七条から北へ約三〇キロ程、車で約一時間半かかる標高が六四〇～八三〇メートルの天然更新した自然林（二次林）である。

ここへ行くには、京都市内の北白川通りを北上し、花園橋の手前を右折して八瀬から大原に出る。国道三六七号線を北に向かうと、小出石《こでいし》と書かれた大きな看板が目に入る。ここを左折して百井《ももい》に向から。急な延命坂を登り前ケ畑峠を越えれば百井である。坂を下れば民宿がありT字路だ。冬には白い美事な花が咲く山茶花《さざんか》の大木のある久保恭一さんのお宅の前に、左・鞍馬、右・大見《おおみ》・尾越《おこせ》と書かれた標識がある。このT字路を左に行くと百井峠から鞍馬に出るので、ここを右折する。

百井集落を抜けると、北山修道院と書かれた看板がある分かれ道に出る。ここを左に入り川沿いの道に沿って大見に向かう。集落に入るすぐ手前には、廃校となった尾見《おみ》小学校が今も残されている。お地蔵さんのある左右に分かれる分岐点に出会う。ここを右折すれば後は一本道だ。狭い谷筋の坂道を進むと前坂峠に出る。この前坂峠を越えれば尾越に入る。尾越にお住まいの種田さんの古い茅葺《かやぶ》きの家が二軒並んで建っているのが目に入る。

ここが京女の森のある京都市左京区大原尾越町である。少し行った所に真新しいコンクリート製の橋が架かっており、その手前が荒谷《あらたに》の入り口になる。この先、山城高校の山小屋を右手に見て進むと、一般車通行禁止のためのゲートが設けられている。ゲートの先に京都市二ノ谷管理舎がある。

二ノ谷管理舎前のトイレの横から登ると、二ノ谷を俯瞰《ふかん》しながらすぐに高度を上げて尾根道に出る。

この二ノ谷尾根を北に歩けば〝知られざる京女の森〟の自然に出会うことができるのである。

それでは、京女の森にご案内いたしましょう。

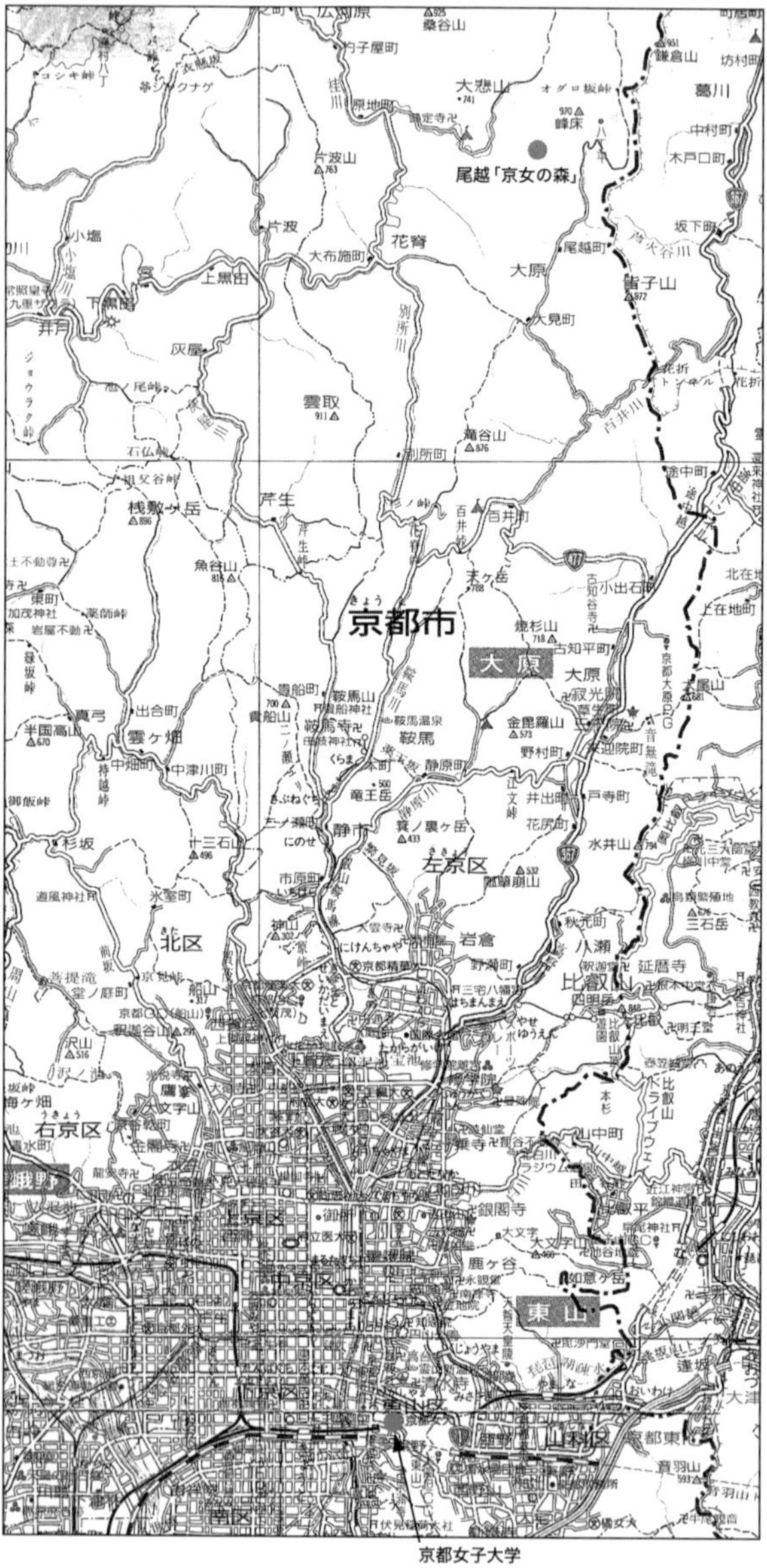

第一章
京女の森の四季

春のいのち

春は新しい生命が誕生する季節である。

京女の森の春は四季の中でも最も生命の躍動が見られる。三月から四月にかけてこの森一帯の山々は赤紫色となり、まさに「紫立ちたる山々」の風情が残雪に映える季節となる。このころになると沢筋ではアブラチャンが、二ノ谷尾根ではマルバマンサクが黄色の花を咲かせる。そして山の斜面のあちこちにタムシバの白い花が咲いているのが目立つようになってくる。また、キンキマメザクラも小さなピンクの可愛い花をつけ始める。

春一番に降った雨で、杉木立の中に大きな水たまりができる場所があった。そこでは毎年四月末にはヒキガエルの産卵が見られ、五月に入ると今度はモリアオガエルの産卵が見られる貴重で大変楽しみな観察場所だった。しかし、残念なことにこの水たまりは最近埋められてしまい、森の蛙たちの産卵は見られなくなった。こういった両生類のいのちには、このようなちょっとした水たまりが不可欠なのである。

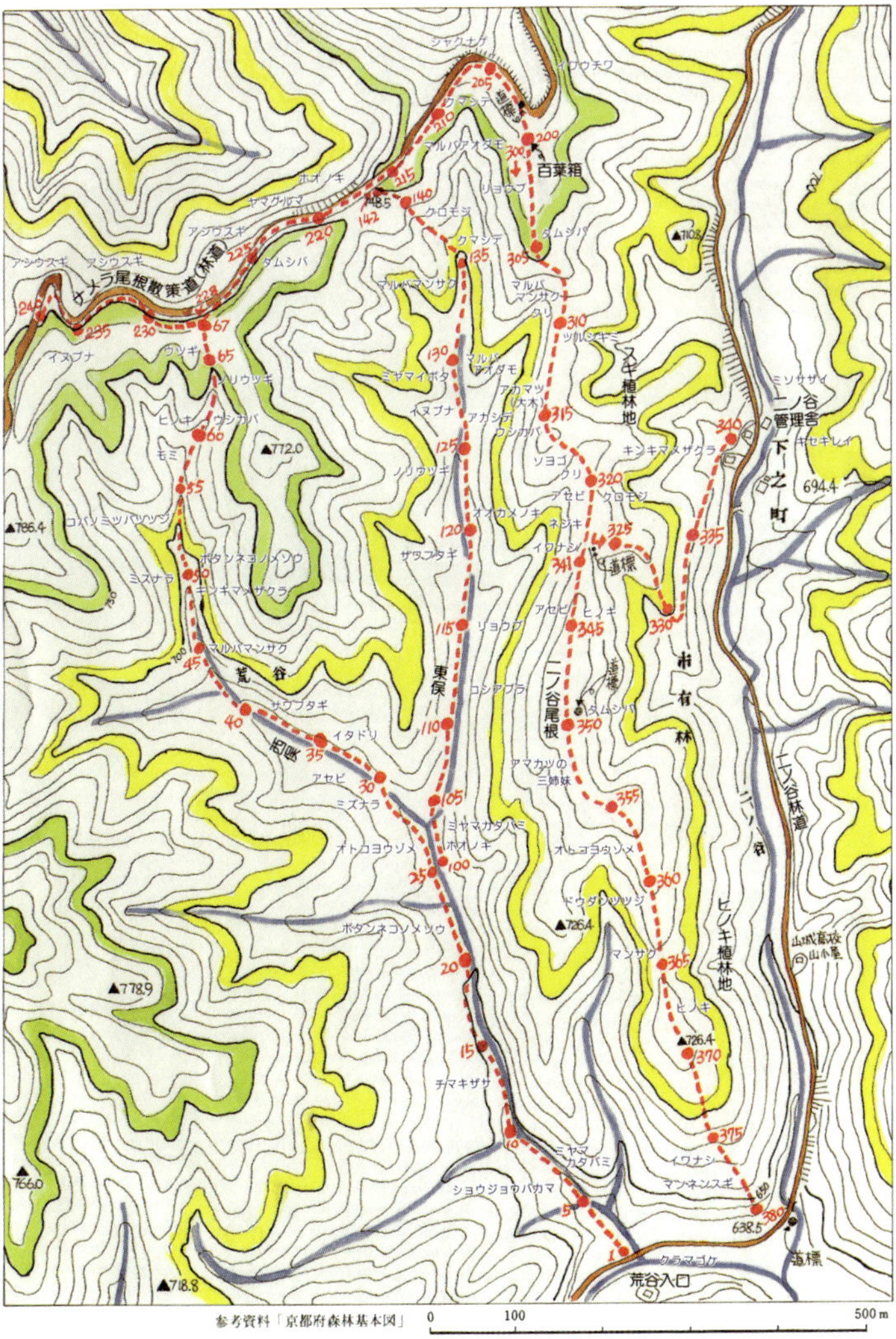

参考資料「京都府森林基本図」　0　100　500 m

ミヤマカタバミ

雪が溶けて暖かくなる四月になると、大見の集落から尾越に抜ける前坂峠あたりではショウジョウバカマがピンクの花を咲かせる。少し行くと京女の森の荒谷入り口（地図杭番号1）に出るが、このあたりではクラマゴケやヒメザゼンソウが見られる。荒谷の中に入ると林床には一面にチマキザサが生い茂っている。このような景観は私たち日本人にはごく当たり前のものだが、笹《ササ》が林床に下草として生えていることが日本の森林の特徴である。そう思って観察すると、新鮮な眺めに見えてくるから不思議である。

この笹原内で枯れた笹の葉で上手に丸い巣を作り、あずき色の卵を産むのはウグイスだ。京女の森の北東に位置する八丁平は国内でもウグイスの多いところとして有名だが、やはり一面の笹に被われている。このような下草が野鳥たちの姿を隠

ヒキガエルの包接

す役目をしているのである。

　三月下旬から四月にかけて、尾越周辺では朝早くミソサザイの大変美しい声が聞こえる。姿の美しいキセキレイもこのあたりで毎年巣作りをしている。

　荒谷内部では静かにミヤマカタバミやボタンネコノメソウが花をつけている。入り口から少し奥に進むと、まだ冬姿のクリやミズナラ、カエデの大木があり、天然のモミの樹の根本にはウサギの糞が落ちていることが多い。荒谷内には四月に入っても残雪があちこちに見られる。

　四月に入り二ノ谷尾根（地図の杭番号３００番台）を歩くとイワナシが可憐なピンクの花をつけ、チマキザサの下には赤い実をつけたツルシキミが見え隠れする。白い花をつけるツツジ科のネジキ、アセビの他、ベニドウダンやウスギョウラクを始め、リョウブ・ソヨゴ・クロモジ・ウシカバ等が百葉箱までの尾根筋に生育している。

百葉箱の先にあるナメラ林道を横切って峰床山への登山道を少し登ると、シャクナゲやイワウチワに出会える。また、切り開かれたナメラ林道沿いにコシアブラ・タラ等の山菜が芽吹くのもこのころである。花脊《はなせ》に向かうナメラ尾根散策道を歩くと、クマシデ・アカシデ・マルバアオダモ・ホオノキ・キブシの木々が生育しているのを観察することができる。この眼下に広がっている森が京女の森である。

一本の独立した樅《もみ》の木があり、林道の両脇が切り立って谷となっている場所（地図杭番号217番）から二ノ谷尾根を振り返ると巨大な日傘のような姿をした赤松の大木が望める。これが京女の森でもひときわ目立つ赤松の樹で「尾越の女王」と呼ばれている。推定樹齢は数百年である。二ノ谷尾根にはこの他にも「三姉妹」と名づけた背の高い三本の赤松が残されている。恐らく、昔からこのあたりで炭焼きをしていた村人が方角を知る目印として、これらの赤松を伐採せずに残しておいたものだろう。今では赤松の大木は周りの木々に守られている。このような古人の知恵と心を大切にして、これからも保存してゆきたい森のいのちである。

イワウチワ（岩団扇）

二一世紀は「生物学の時代」である。この地球という惑星に生活しているあらゆる生命体は、相互に依存し連関しあって一つのシステムを作り上げている。それが「生命環境」すなわちエコシステムである。これからは、この「生命環境」に対する配慮なしには生活できない時代になることは間違いない。

生物の世界では、資源もエネルギーも無駄なく循環している。植物は二酸化炭素と水から太陽エネルギーを利用して有機物を合成する。動物は、そうしてできあがった有機物を取り込んで燃焼し、A

TPという化学エネルギーを生産・利用して、さまざまな環境に適応して生活している。そして、菌類やバクテリアのような微生物は全ての有機物を再び安定した無機物へと変換し、この循環は完結する。「生命《いのち》」という存在は、安定で単純な物質から不安定で複雑な化合物を作り出し、それらをある一定の秩序だった組織体《システム》へと編成することができる。このような生命《いのち》は、今のところ宇宙のどの惑星にも認められない稀有《けう》な存在である。この不可思議な生命システムを傷つけるいかなるものも排除する生活が、今われわれに求められているのである。

一九九二年のリオ・デ・ジャネイロでの「国際環境開発会議（地球サミット）」で、「持続可能な森林管理」の重要性が強調されてはや一〇年。人々は、飽くなき欲望がいかに大規模な森林環境の破壊をもたらしたかを知り、ようやく地球の森林が地球上の生命体にとり不可欠であるかを理解したようだ。ヒトは悲しいことに、何事も失われて初めてその大切さがわかる動物なのである。

「森林は私たちの生活にとってなくてはならない大切なものである」ということは多くの人が認める。しかし、それはどういう点においてかとなると人によりさまざまな考え方があり、意見が対立したりする。それは、多くの人々が林業の現実や、森林に関する正しい知識を持っていないゆえではないだろうか。「一年にどのくらい森に出かけますか」と問えば、私自身「尾越の森」を知る十数年前までは森についてよく知らなかった。しかし、二〇〇回以上もこの素晴らしい森を訪れ、次第にその魅力の虜《とりこ》になった。訪れるたびに新鮮な驚きが発見できるからである。このような身近な空間に世界でも稀有な自然環境があることを誰も教えてはくれなかった。

残雪の残る早春、「尾越の森」の尾根を歩くと、そこに「イワウチワ」の群落を見つけるだろう。少しばかりの白い雪をショールにして、濃緑のドレスを纏《まと》った淡い桃色のつぼみがいくつもいくつも、恥ずかしそうにうつむいてたたずんでいる姿が目に入るはずである。

三二年前、七〇〇円で買った、今は背表紙がはがれかけた『学生版　牧野富太郎植物図鑑』には、イワウチワについて「本州中部以北の深山にはえる常緑の多年草。根茎は長く横に走り、根生葉は長い柄を持ち束生《そくせい》する。春に葉の間から花茎を直立させ、その頂に淡紅色でロート状釣鐘型の一花を横向きにつける。……、岩場にはえ、葉がうちわに似るのでこの名で呼ばれる」と記載されている。

二一世紀の最初の春に、「尾越の森」に出かけてこの美しき生命体と再会し、新しき世紀を命永らえて迎えることができた歓びを友人たちと一緒に感謝したい。

そして、この「尾越の森」をこれからは「京女の森」と呼ぶことにする。

アカマツ（赤松）

ここ数年、アカマツ（赤松）の樹を目にすることが大変少なくなってきているように思われる。そういえば、大学の正門横に生育していたアカマツの大木や近くの今日吉《いまひよし》神社境内にあったアカマツも、すでに数年前に枯れてしまい今は切り株だけが残っている。東山山麓のアカマツもどんどん枯れ、そのかわりに冬でもシイやカシなどの濃い緑に被われた斜面が見られる。

アカマツは、日当たりのよい、栄養分の少ない土壌でよく生育する陽樹である。

たとえば、七〜八世紀から大規模な寺院や神社の造営を行ってきた京都周辺の山地の約八割はアカマツ林だった。一七世紀中ごろ、金閣寺鳳林承章善師の書き残した日記「隔蓂記《かくめいき》」には、金閣寺山では毎年一〇〇〇〜二〇〇〇本もマツタケが採れたことが記録されている。さらに江戸時代に入ると、燃料用の薪として大量に伐採したためハゲ山が増えた。今から七〇年程前にはマツタケは年間七一六二トンも収穫されていたが、二〇〇〇トン以上の生産は山陽から近畿地方にかけてで、まさにハゲ山の分布地域とマツタケの産地は一致していた。村落のまわりのよく手入れされたマツ林（里山）が、大量のマツタケを育てていたからである。

ところで、現在キノコといえばシイタケ、エノキタケ、ナメコ、マイタケ、ヒラタケ、シメジ等、ほとんどが人工的に栽培されたキノコである。これらのキノコは木材腐朽菌《ふきゅうきん》といって、植物の細胞壁を構成する難分解性のセルロースやリグニンを分解して森林土壌の形成に働いている微生物の一種である。キノコはカビと同じ菌類と呼ばれ、その体は菌糸という細い糸のようなものからできている。菌類は、体の外に分泌する酵素で有機物を分解吸収して成長し、胞子で繁殖する。この胞子をつくり出すための装置、植物でいえば花に相当するものが子実体《しじつたい》（いわゆるキノコ本体）であり、これは菌糸が密に絡《から》んだものなのである。

この他に、キノコには菌根菌《きんこんきん》と呼ばれる植物の根と共生している一群の菌類がいる。このような菌根を形成する菌類が森林の樹木を育てていることが次第に明らかになってきた。たとえば、コツブタケというキノコはアカマツやクロマツの根に菌根を形成する。このキノコをアカマツの苗の根に接種すると、しなかった苗にくらべて成長が著しく促進され大きくなる。これは菌糸が吸収面積を増やし、周りの土壌中からリン酸やナトリウム、カリウム等の植物の生育に必要なミネラルを吸収するためである。マツタケも同様に共生して初めて生育できるキノコである。つまり、アカマツが栄養分の乏しい環境で元気に生育するにはどうしてもマツタケやコツブタケのような菌類との共生が必要となるわけである。一方、アカマツは太陽の光を十分に浴びて活発な光合成を行い、合成した有機物を惜しみなくキノコに分け与えている。このような共生関係が森の生命を支えているのである。

京女の森の二ノ谷尾根には「尾越の女王」と呼ばれるアカマツの巨樹が聳《そび》えている。幹の周囲は大人四人もが手をつなげ、樹齢は優に数百年はあるだろう。尾根道から少し外れた場所にあるので、チマキザサの海をかき分けて進まねばわからない。根元から見上げると、主幹の下

タムシバの花

部は赤褐色をした亀甲状の荒々しい樹皮で被われ、上部は樹皮がはがれて肌をむき出しにして、凄い迫力で迫ってくる。大木の持つ不思議な魅力と自然のエネルギーがひしひしと感じられる。

厳かに聳え立つこの「尾越の女王」を眺めるたびに、微妙なバランスを維持しつつ、厳しい日本海側の自然の中で生存しているこのアカマツのすばらしさに感動し、この森の貴重な宝物の一つであると確信するのは私だけではないだろう。

シジュウカラ（四十雀）

一九九六年は例年にない降雪のため異常低温が続き、植物の芽吹きが一か月は遅れていた。三月二八日に京女の森に出かけた時には、釣り堀のあるところから歩かなければ二ノ谷管理舎まで行けなかった。管理舎前は一メートル近い雪だった。尾瀬の長蔵小屋あたりでも、ここ一〇年近くみられない大量の雪が降ったとNHKのテレビで見たので、どうも全国的に異常な天候がみられたようである。四月に入っても、京女の森でこの季節にいつも聞かれるミソサザイの素晴らしい鳴き声が、この年はほとんど聞かれなかった。

ウグイスの巣

杉の間伐材で鳥の巣箱を二〇個ばかり作り、その内の一〇個を前年の秋に学生と一緒に京女の森の樹に掛けた。緑の日に一泊二日で出かけた折に、森の巣箱を点検したが、シジュウカラの産卵が見られたのは、たった一つの巣箱だけだった。

わが国の国土の六八％を占める森林には、年間を通して約百種類のさまざまな野鳥が生息するが、これらの野鳥はそれぞれ自分の気にいった森林に生活している。注意深い観察者であればすぐに気づくと思うが、落葉性の森林を好む鳥の一つにシジュウカラがいる。森林性鳥類群集にはハイマツ帯を好むビンズイ・カヤクグリが、亜寒帯にはヒガラ・ルリビタキが優占する。その他、シジュウカラなどのカラ類とウグイス・キビタキ・ホオジロ・

アオジといった野鳥が森林性鳥類群集に含まれる。日本の人工林は森林面積の四一％にも及ぶことから、経済性のみを考えた森林施行は、わが国の鳥類の多様性を減少させ、野鳥の持つ森林の維持機能を失わせているといえる。

シジュウカラは最近、市街地でもよく見られる森林性野鳥である。繁殖力が強く一度に四〜十数個の、白地に薄い赤褐色の微細な小斑点のある卵を産む。繁殖期には「ツーツーピィ、ツーツーピィー」とか「ピィーツーピィ、ピィーツーピィー」とさえずる。警戒するときには「チュチュチィーチィー」と鳴き、「シパシパシパシパ・チープ・チープ・チープ」と聞こえる。巣箱を覗《のぞ》いてみると産座は大量のミズゴケで椀型に作り、獣毛や鳥の羽毛などが敷いてある。

シジュウカラは圧倒的に蛾の幼虫を餌としている。マツの害虫として有名なマツカレハに対しては若・中齢幼虫をシジュウカラのような小型の野鳥が捕食している。アメリカシロヒトリの幼虫を食べて個体群の数を減らしているのは実はシジュウカラなのである。このようにごくありふれた野鳥であるシジュウカラは、自然の森にとってかけがえのない生命《いのち》である。

京女の森に出かけて野鳥と森の関係をもう一度見つめ直してみたいものだ。

ヤマガラ（山雀）

最近はアニマル・ウォッチングとかバード・ウォッチングの本が一般の書店の棚にあふれかえっているのに反比例して、皮肉なことに急激に本物の自然に触れることが難しくなってきている。

しかし、双眼鏡をぶら下げて河原や林の縁などを歩き回っている家族連れや若いカップルをしばしば見かけるようになってきた。スズメ・カラス・ヒヨドリ・キジバト・ツバメ等が一番観察しやすい身近な野鳥だが、全国の雑木林つまり広葉樹林を歩くとツッ・ピイーピイーピイー・ツッピン・ツツピン・ツツーピーツ・ツピーとよく聞こえる声で鳴く野鳥がいる。それがヤマガラである。スズメ大で、腹部の栗色が目立つ鳥なので、その気になればすぐに見分けがつく。また、巣箱を架けてやるとシジュウカラとヤマガラが一番よく利用するので観察がしやすい野鳥でもある。

シジュウカラがエナガ等と混群を作りリーダーとなるのに対して、ヤマガラは単群で行動するのが特徴である。ヤマガラはミズゴケと獣毛で作った巣の上に卵を産むが、卵を巣の中に隠して産んであればシジュウカラだ。卵の模様ではほとんど区別できない。ヤマガラは五〜八個産むのに対して、シジュウカラは四〜一三個もの卵を産む。一般に弱い生き物ほどたくさん卵を産むという事実から考えると、シジュウカラの方が他の生物の餌食になることが多いと考えられる。また、シジュウカラが昆虫の幼虫や種子等を食べる雑食なのに対して、ヤマガラは昆虫を主食としている。樹上で足ではさんで餌をついばむヤマガラに対して、シジュウカラは樹上だけでなく地上にも下りて餌を取る。

ヤマガラは台湾と朝鮮半島南部にも近い仲間が分布しているが、日本列島の特産種でカラ類を代表する野鳥でもある。これに対してシジュウカラの方はもっと広く中国大陸にもみられ、市街や里山の低山帯から亜高山帯まで、針葉樹の人工林にも生息している。したがって、ヤマガラとシジュウカラの分布域を比較すると微妙に違っていることがわかる。

このほか京女の森周辺でごく普通に観察される野鳥には、ホトトギス・アオゲラ・ヨタカ・

ミソサザイの巣（管理舎の軒下）

コゲラ・キセキレイ・カワガラス・ミソサザイ・トラツグミ・ツグミ・ウグイス・オオルリ・ヒガラ・メジロ・ホオジロ・イカル・カケス・ハシブトガラスがいる。元京都野鳥の会会長であった八木昭氏の調査で七五種類もの野鳥がいることがわかった。これはわが国で観察される五二五種類の野鳥の約一四％に当たる。この数は今後増えるとは思うが、最近は全国で野鳥の数が減っているという報告もあり、これからも調査を続けてゆく必要がある。そうすれば、京女の森にすむ野鳥の調査から、日本の森に起こっている異変がわかるかも知れない。自然の森が野鳥の繁殖を助けているのだから。

タゴガエル（田子蛙）

五月は、一雨ごとに樹々の緑が目にしみる季節である。ご承知のように、日本列島ほど大量の雨が降りそそぐ先進国は他にない。この梅雨に集中する雨が、日本の生物相の豊かさを育くんでいる。しかし、雨が降れば必ず出現していたある生き物を最近ほとんど見かけなくなった。

実は、今、日本を始め世界各地でカエルたちが急激にその姿を消していることが報告されている。一体どうしたのだろうか？

カエルのような両生類の生活に不可欠な「水辺環境」が、開発により急激に消滅している。これが一番深刻なダメージを与えているようだ。他にも酸性雨やオゾン層の破壊による紫外線の増加が原因ではないかと疑われている。いずれにせよ、世界的に進行している両生類の急激な減少は、人間による自然環境の破壊に起因することは間違いないようだ。

ところで、この季節に荒谷に足を踏み入れると何やら不思議な、「グアッ、グアッ」という鳴き声が湿地の地底から聞こえてくる。

この声の主が、両生類研究者、田子勝弥《たごかつや》博士にちなんで命名されたタゴガエルである。このカエルは眼のすぐ後ろに黒褐色のアイシャドウが見られるのが特徴で、ヤマアカガエルとよく似ているが、全体に体色の赤味が強いようである。地下からの伏流水がチョロチョロと流れ出てくる岩と岩の間に百個前後の卵を産む。卵の直径はカエル類では最大の三ミリもある。白っぽい体色のオタマジャクシは伏流水の泥の中で生活し、卵黄だけで変態できる。変態後、林床で昆虫類、クモ類、陸貝などを食べて二〜三年で性熟するようである。本州、四国、九州の山地に生息し、前趾《あし》と後趾にはミズカキがほとんどなく、切れ込みの深い趾指がある。ジャンプは素早く、アマガエルのように簡単には捕まえられないが、よく観るとなかなか可愛い顔をしているカエルだ。

日本列島には全世界にいる有尾目《ゆうび》（サンショウウオやイモリの仲間）の五・六％（三九二種）、カエルの仲間である無尾目《むび》の〇・九％（三九七種）が生息している。また、日本産両生類の実

スミレサイシン

に七八%が日本に固有の種または亜種である。日本最古のカエルの化石は、約三〇〇万〜六〇〇万年前の地層から多数発見されている。一九九三年採集され、一九九七年に「ムカシアカガエル」と命名された化石や、アカガエル属と同定されたオタマジャクシの化石も見つかっている。

何億年もかけて進化してきたカエルたちの生命《いのち》の歴史は、鰓《えら》呼吸するオタマジャクシから肺呼吸するカエルへの劇的な変態の過程に見事に反映されているのである。

したがって、カエルたちの急激な減少は「水の惑星」である地球の生命環境が、私たち人類にとっても危機的状況にあることを警告しているのである。

エンビタチツボスミレ（燕尾立壺菫）

二〇〇二年三月三日、ほとんど残雪が見あたらない京女の森が目の前に広がっていた。まるで、四月上旬か中旬のような何とも落ち着かない気分にさせられた。そして、今年の桜前線は観測史上記録的な早さで日本列島を北上した。

桜の開花と同じくスミレ（菫）も咲き始め、春の訪れを知らせる。南北に長い日本列島では、菫の開花は桜の開花と同じく南から北へと進み、日本全国、年中どこかで咲いている。

たとえば、早咲きの桜が咲くころはエイザンスミレ、スミレサイシン、ヒゴスミレ等、満開のころにはタチツボスミレ、ヒメスミレ等が開花する。桜吹雪にはスミレ、オオタチツボスミレ等が、葉桜ともなればニョイスミレ、シロスミレ等が次々と開花する。

実は、日本は「スミレの王国」と呼ばれるほどに種類が多い。海岸から二〇〇〇メートル級の高山にまで約八〇種類ものスミレが生育している。写真家のいがりまさし氏によると、スミレの分布は日本の気候区により一七のタイプに分類できるという。普遍的に分布するのはタチツボスミレ、ニョイスミレ、ニオイタチツボスミレ。人里に多いのはコスミレ、ノジスミレ、ヒメスミレ等である。一方、積雪のみられる日本海側に分布するスミレとしてはスミレサイシン、オオタチツボスミレ等が見られる。

京女の森にはタチツボスミレとニョイスミレの他、南西日本の野山に多いシハイスミレ、さらに日本海側分布型であるスミレサイシンとオオタチツボスミレの五種類が生育している。

タチツボスミレは日本を代表するスミレである。この花を横から眺めると、花弁が後ろに筒状に突き出た距《きょ》があるのに気づく。今までに知られている全てのスミレでは、距は筒状の形態をしている。ところが、なんとこの距がまるで燕《つばめ》の尾のように二つに分かれているスミレが見つかった。発見者である米澤信道氏は、エンビタチツボスミレと命名された。

スミレのように垂直分布と水平分布とも広く、全国各地に生育できる野草はあまり他に例がない。スミレ類は美しい蝶であるタテハチョウ科のミドリヒョウモン、オオウラギンヒョウモン等の食草でもある。また、多くの蛾の仲間にもスミレを食草とするものがおり、スミレはこれらの昆虫のいのちを支えている野草である。

万葉集にある山部赤人の短歌をはじめ、松尾芭蕉や小林一茶の俳句にも詠まれているスミレは、古くより私たち日本人とともにこの日本列島に生きてきた。スミレは小さく可愛い花として弱々しく見えるが、実は日本列島の多様な環境に適応し、したたかに生き延びてきた植物なのである。

現在の環境問題の多くは、私たちが自然についてあまりにも知らないことが多いのが原因ではないだろうか。この惑星の生き物たちの間に広がる不思議ないのちのつながりを大切にしなければ、人という生き物も生き延びることはできないだろう。

地球温暖化は多くの生物にどのような影響を与えるものなのか、心が千々に乱れるこの春の訪れである。

夏のいのち

夏は樹の花が咲き始め、昆虫たちの季節である。

京女の森周辺では次々と山の樹の花が咲き始める。林道沿いや荒谷内部ではピンクの花をつけるタニウツギを始め、大柄で白い花を咲かせるノリウツギ・ヤブデマリに加え白や淡紅色のヤマボウシ等が新緑に映える季節でもある。

樹齢が千年を超える芦生杉《あしうすぎ》の大木が、花脊の「山村都市交流の森」へと続くナメラ林道の北側斜面（地図杭番号225番〜235番）にその偉容を誇っている。また、切り開かれた林道の縁にはクマイチゴ・モミジイチゴを始めとし、サルトリイバラ・クロモジ・カナクギノキ等が陽光を求めて新葉を展開しているのに気づく。

樅《もみ》の大木がある鞍部（地図の杭番号217番）のあたりは眺めがよく、周辺の森の緑が楽しめるが、切り立った谷がせまり危険なので道の端に十分注意してほしい。

無名のピークがこの鞍部の北に聳《そび》え素晴らしい新緑の画面を広げているが、南東方向を見る

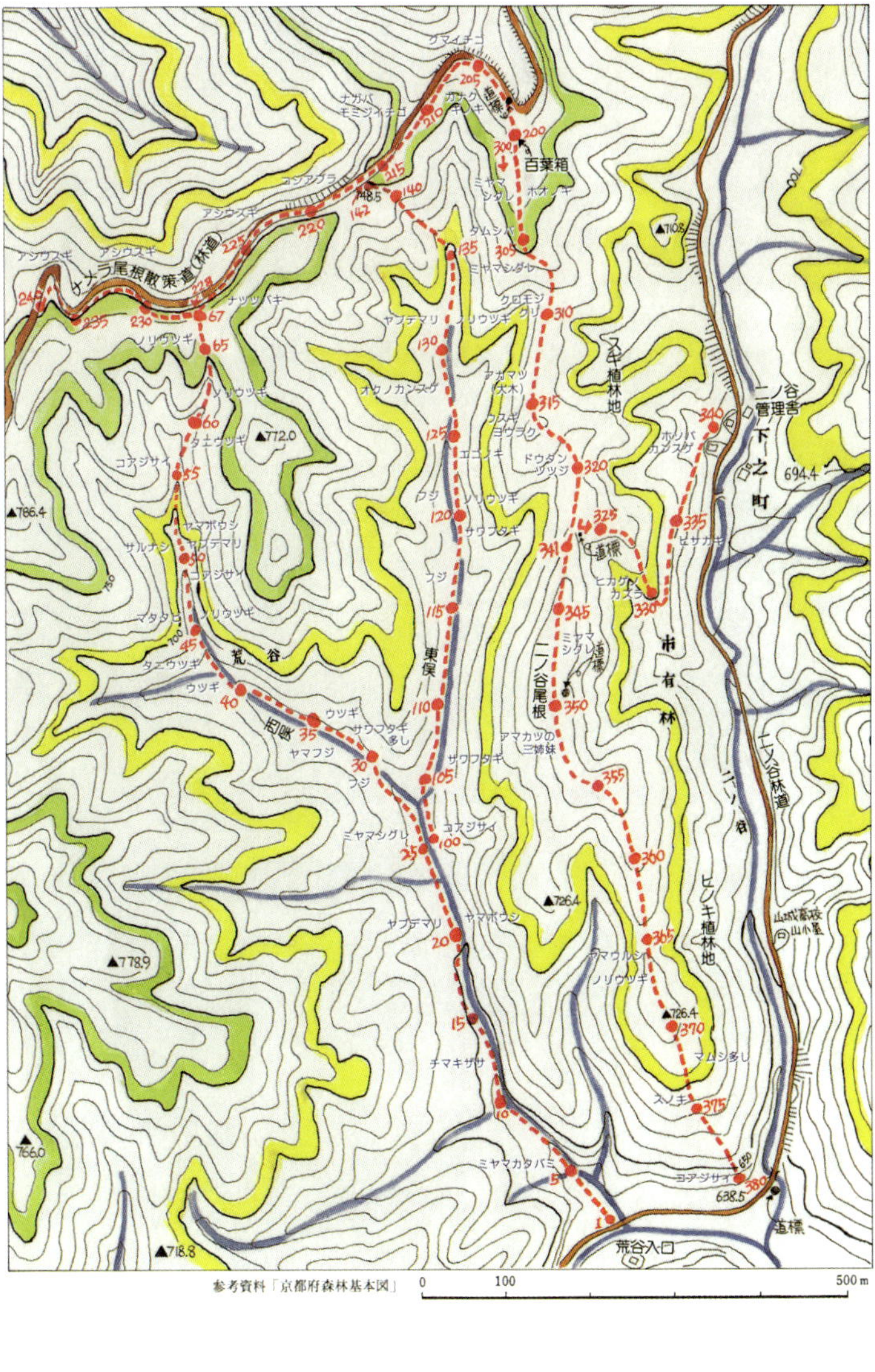

参考資料「京都府森林基本図」

と今歩いてきたばかりの二ノ谷尾根に、「尾越の女王」と呼ばれる赤松の大木の姿が肉眼でもはっきりと確認できる。双眼鏡を持っていけば、さらにその姿を楽しむことができる。

この鞍部から少し歩くとナツツバキが一本、少し広くなった林道そばに佇《たたず》んでいる。ここから下へは急な斜面なので林道から降りるのはお勧めできないが、急な斜面を少し下るとすぐにチマキザサが生い茂る緩やかな谷筋となる。このあたりの足下の腐葉土上には腐生植物のギンリョウソウが見つかるかもしれない。退化した葉や茎には葉緑素がまったくないため純白な姿をした、一度見ると印象に残る植物である。

イヌブナの実（2001年7月26日）

　この谷筋には、葉の表面が白くて遠くからでも目立つミヤママタタビや、秋には黄葉して小さなキウイフルーツに似た実をつけるサルナシが生育している。真っ赤な実をつける珍しいカラスシキミも、この谷筋で見つかっている。真っ白な蝶のような花をつけるヤブデマリが沢筋に咲き、ヤマアジサイが青紫色から白い花をつけているのを見ると、体の疲れを忘れる。水の多い場所には白い可憐な花をつけるサワフタギや桃色のタニウツギが多く、湿地にはカンスゲやミズゴケが生育している。梅雨のころに荒谷に入ると、緑青《ろくしょう》のような色をしたロクショウグサレキンを始め、深紅のベニヤマタケ等の色とりどりのキノコたちがあなたの来るのを待ちかまえていることだろう。

ブナの若い実（2001年６月10日）

荒谷の沢は奥で左右に分かれてＹ字形となり、東俣と西俣がある。自然観察にはナメラ林道から急斜面を下るのは危険なので、荒谷の入口から入る方をお勧めする。荒谷の沢筋は湿地が多く、途中で水に入らなければならない所もあり、登山靴や運動靴ではかえって歩きにくい。特に、夏はマムシや虫刺されを防ぐためにもゴム長靴を履くのがよい。西俣はチマキザサに強く被われ、ほとんど道らしい道もないので、自然観察には歩きやすい東俣に入る方がよい。奥にゆくと猪のエステ場であるヌタ場があちこちに見られる。沢の水面をじっと見つめていると、時々アマゴやイワナの稚魚が泳いでいる。この渓流の水生昆虫を餌にして育つので、あまり大きくはなれないようだ。

荒谷内部の道に沿ったいくつかの木には野鳥の巣箱を取り付けてある。毎年五月にはシジュウカラやヤマガラの雛が見られ繁殖しているのが観察できる。このあたりは標高が七〇〇メートル近いので夏は市内より四〜五℃は低く、荒谷の中に入ると一層涼しく感じられる。

八丁平に延びる二ノ谷林道を歩くと、この季節に大きく目立つ白いノリウツギの花には何種類もの昆虫が吸蜜に集まっている。ビィーテングといって適当な長さの棒で樹をたたき、下に落ちてくる甲虫を集めると、小さくて実に美しいいろいろな甲虫を採集することができる。

また、ミズナラやイヌブナの樹が多いことからシジミチョウの仲間や、林床がササに被われているのでジャノメチョウ科やセセリチョウ科の蝶等が飛翔するのが見られる森でもある。

ホオノキ（朴）

とにかくむし暑い五月だった。
「こどもの日」の午前中、木津川に架かる八幡《やわた》の御幸《ごこう》橋から川の左岸を下流に向かって伸びている河川敷を歩いていた。ここは犬をつれた人が時たま利用する、ひと一人歩ける程度の小道がついている。一メートルも歩かないうちに濃いオレンジ色の羽が際立つベニシジミ、淡いブルーの羽をしたヤマトシジミ、羽に目玉模様が目立つヒメウラナミジャノメ等、いずれも可愛い妖精が足下から次々と飛び出してくる。この小道はチョウの食草となるギシギシ、カタバミ、チヂミザサ、シバがたくさんはえている。まさにここはチョウの楽園である。
最近この河川敷のような「何でもない

自然環境」が次々と無くなってゆく。この少し下流の橋本あたりの左岸は、野鳥の楽園だった芦原が無惨にもブルドーザーの餌食となり、全て埋め立てられてしまった。淀川に沿って進められている河川敷の整備のためらしい。野生生物にとって素晴らしい環境である自然を破壊して、人間のみが喜ぶ「きれいな」人工的な環境づくりは今でも続いている。二一世紀には建設業界が作り出した建築物が残るだけである。

六月になると京女の森では山麓の斜面に林立する白い木肌のホオノキが花を開き始める。花は高い樹の上部に咲くので、上から見下せる場所でないと、なかなかその素晴らしい姿を堪能できない。尾根沿いのナメラ林道はこのホオノキの最適の観察場所でもある。

日本中のどの山を歩いても見られるモクレン科モクレン属の植物で、日当たりのよい場所を好む落葉高木の一つである。ホオノキの花は芳香があり直径が二〇チセンにもなる虫媒花で、一度目にすると忘れられないほど見事なものである。材は優良で、建築、細工物、楽器、彫刻等の他、昔から刀の鞘《さや》材としても賞用されてきた。また、その炭は金銀研磨用にも使われ、樹皮は健胃、下痢どめなどの薬用とされたり、お茶がわりに実や枝をつぶして煮立てたものを飲んでいたらしい。また、その大きな葉は飯を盛ったりしてラッピングに使用した。使った後の葉は捨てても土に還る。このように、昔の人は自然をたくみに利用する賢い知恵があった。

「こどもの日」の翌日、五月六日の夜半に自宅の電話が突然鳴った。こんな時間に誰からかな、と思いつつ受話器を取り上げた。聞きなれた声がした。一瞬わが耳を疑った。「夫の小島一《かず》介《ゆき》が今朝亡くなりました」という電話だった。本当に信じられない。何と言って陽子夫人を慰めたらよいのか、言葉が出なかった。享年五五歳。

一九九〇年から五年間の京女の森の環境調査では、どんなに忙しくても必ず、たとえ夜中でも動物園の仕事を終えてから駆けつけてくれた小島さん。いっかいさん、いっかいさん、といって皆から親しまれていたユニークな人物。動物に関しては、彼ほどその生態を詳しく知っている人はいなかった。彼の存在がどれほどいろいろな思い出を残し、また参加した学生たちの人生を豊かにしたか、言葉では言いつくせない。実に、素晴らしい人を失ってしまった。無念の思いが胸をつまらせた。故人の意志で密葬が行われる前日、自宅へ弔問に出かけた。肝臓門脈に発生した原発性の肝癌が死因とのこと。お宅を出るとき、家の前に彼が植えた一本のホオノキが白い花をつけているのに気づいた。静かに、しかし超然として天に向かって咲いていた。

きれいだなあ。

これから京女の森のような日本の山々でホオノキに出会ったら必ず小島一介さんを思い出すだろう。何気ない自然をこよなく愛し、さまざまな動物と交流し、つきあった人には強烈な印象を残して逝った小島一介さん。これからの日本の自然の大切さについて、若い人たちにもっともっと真剣に教えてゆかねばならないと話し合っていたのが思い出される皐月《さつき》となった。

ベニヤマボウシ（紅山法師）

一九九八年の三月二五日、四か月ぶりに京女の森に出かけた。昨年ほどではないにせよ、残雪が多く釣り堀の手前で車を降りて二ノ谷管理舎まで、積雪三〇㌢以上はある林道を歩かねばならなかった。今年の春は、遅いなと感じた。

それから一か月後の緑の日。ようやく、クロモジ、アブラチャン等のクスノキ科の花が咲き始め、驚いたことにまだタムシバの白い花が枝先に残っていた。さすがに日当たりのよい尾根筋では、白い小さな釣り鐘状の花冠をしたネジキやアセビの花が見られ、初夏の訪れを予感させてくれた。尾越山林周辺の山々には新緑が萌え広がろうとしていた。

新緑の五月。山々の樹木は一斉に色とりどりの花を咲き競い始める。ツツジ科のコバノミツバツツジ、レンゲツツジやウスギヨウラクの赤や橙色系統から始まり、タチツボスミレやヤマフジの紫色やバラ科のヤマナシ等の白色が新緑を背景として際立ってくる季節である。六月に入れば、さらに山々は賑《にぎ》やかになってくる。ウツギ、ノリウツギ、ヤブデマリ等の目にしみる、豪華なる純白。タニウツギのピンクの花も素晴らしい。

そして、夏ともなれば、最も花色の冴えるヤマボウシが開花するのである。とりわけ、素晴らしいのがベニヤマボウシである。

京女の森調査を開始して何年目だったたか、ナメラ尾根林道から荒谷へと急斜面を降《くだ》ったことがある。梅雨のころだったと記憶する。たしか、荒谷の東俣と西俣の交差する辺りを過ぎてしばらく行った時だった。振り向くと、何か赤いものが濃い緑に浮き立つので、みんなであれは何だと叫びつつ近づいて見た。すると、かなり高いところに見事なヤマボウシの花が咲いているではないか。しかも、白ではなくて紅色である。空に向かって咲いているので、下から眺めてもわからず、少し離れた場所で初めて気づいたのである。

次は一九九五年の夏、発見はまったくの偶然であった。ナメラ林道沿いの尾根筋をブナを探して写真撮影を試みていた時だった。突然、同行した同僚の宮野純次氏が興奮した声でみんなを呼んだ。そこにはベニヤマボウシの若樹があり、写真に見られる見事な花をつけていた。意表をつかれた二度目の出会いであった。

いずれの時も、まったく予期せぬ時に遭遇した佳人のごとく、梅雨明けの透き通る青空に向かって佇《たたず》む姿に強く魅きつけられた。

そして、この花を目にすれば、汗のしたたる蒸し暑い七月の山登りも苦にはならなくなるのは私一人ではあるまい。

クマシデの若い実（2001年6月10日）

アカシデの若い実（2001年6月10日）

ヤブデマリ（藪手鞠）

日本一の照葉樹林を有する山里を訪ねた。宮崎市から大淀川沿いにバスで一時間、綾北川と綾南川に挟まれた扇状地である人口七五〇〇人の宮崎県綾《あや》町に着く。この東諸県《ひがしもろかた》郡綾町には、日本の文化を支えてきた天然の照葉樹林が三二〇〇ヘクタールも残されている。

　このような数少ない貴重な日本の天然林が守られたのは綾町の元町長、郷田《ごうだ》実《みのる》氏のおかげである。一九六六（昭和四一）年に町長に就任した郷田さんはこの日本一の照葉樹林の伐採計画を聞いた時に、何としても古里の山を守り伐採を止めさせようと決心し、ついには農林大臣に直訴して守り抜いた。その結果、三〇年前には「夜逃げの町」と言われた綾町が今では「有機農業の町」あるいは「照葉樹林都市」と呼ばれる町に変身した、というお話をご自宅でお聞きした。素晴らしい人物がいたものである。

全国でも有数のこの照葉樹林を守ったことで、命の源となる水を確保し町民の生活も豊かにすることができたのである。現在、綾町では正真正銘折り紙付きのさまざまな有機栽培農産物を生産している。この本物の農産物を作り出している秘密が、実は土作りである。土は言うまでもなく、有機物が無機化して生み出される。その有機物としてこの綾町では人間の屎尿《しにょう》はもちろん、家庭から出る生ごみを牛糞と混ぜ合わせて完熟堆肥にして農地に還元している。

今でこそ、全国あちこちでこのようないわゆる有機栽培が盛んであるが、二五年も前からこのようにして有機物を農地に循環させる「自然生態系農業」の確立に努力してきたとは実に先見性に富んでいた方である。このように地域の自然を守り、白然のサイクルを利用した土壌や水を汚染しない生き方こそがこれからの二一世紀の日本人に求められているのである。

つい話に夢中になり時間が過ぎた。家で採れた豌豆《えんどう》で作った餡《あん》です、と奥様より差し出された本物の味に感激した。

この綾町にみられるようなシイ、カシ、クス、ツバキ、タブなどの照葉樹林が日本の南方文化を育《はぐく》んだ。一方、世界遺産にも指定された白神山地に代表されるブナ林が北方の文化を形成したのである。つまり、世界の文化を考える場合にはどのような森林が当時存在したかを知る必要がある。このことがわかってくると、森林を見る目がそこに暮らした人々の生活や歴史を見る目とつながってくる。

日ざしが強くなる五月ころ、沢沿いを歩くとよく眼に飛び込む白い花にはなぜかスイカズラ科のものが多い。たとえば、ヤブデマリ、カンボクなどである。これらの花の周辺には、雄しべも雌しべもない装飾花がついていて他の花とは大いに趣《おもむき》が異なる。ヤブデマリの装飾花はまるでモンシロチョウのようにも見える。なぜなら、五裂した花冠の一つが大変小さく、まるで四弁に見える。これに気づくとムシカリやカンボクでは大きくて白い五弁の形をしていることがわかる。ヤブデマリは、花の香りがよくないのと花期が短いためかも知れないが、花の美しさがあまり知られていないようだ。

しかし、雑木林の明るい林内とか丘陵地や渓流沿いを歩いてみると、ごく普通にみられることのような樹木にこそ日本の自然の美しさがあるのではないだろうか。

私たちは昔の山村でみられた生活文化と本物の自然を急速に失いつつある。自然に親しみ、よく観察して生活に利用してきた樹林文化が継承されていない現実がある。そのことに気づき森林文化の保存と理解をするためにも、森に出かけてこの見事な装飾花をつけるヤブデマリの美しさに気づいてほしいものである。

ヒメザゼンソウ（姫坐禅草）

京女の森に行くには大原三千院の先にある小出石《こでいし》を左折して百《もも》井《い》に出る。そこから北へと進むと「北山修道院村」と書かれた立札のある分かれ道に出会う。ここで左に延びている道へ進むと、かって産業廃棄物の処理場の候補地として騒がれた大見に入る。この大見集落のはずれに小さなお地蔵様が祭られている。この左右に分かれる所を右折し峠を越えれば目的地である。左京区大原尾越町にある京都女子学園所有の山林

大見集落のはずれのお地蔵様にて。右へ行くと尾越である

は、安曇《あど》川の最上流にある荒谷を含む約八万坪の水源涵養保安林で、極めて良質な自然林を形成している。

この地域の学術調査は一九九〇（平成二）年までまったく行われておらず、どのような貴重な生き物が生息するのか知られていなかった。しかし、九〇年から五年をかけた本学学生と専門家による自然環境調査から、現在までに少なくとも約八〇〇種に及ぶ甲虫、約三五〇種の植物、七〇種以上の野鳥、両生類八種、爬虫類七種、魚類四種、哺乳類一三種が生息することが明らかとなった。この生き物リストにはいわゆる里山によく見られるものが多いが、いくつかの貴重な生き物も含まれている。

今回紹介する「ヒメザゼンソウ」もその一つである。

あまり聞き馴れない方も多いのではと思うが、「夏が来れば思い出す……」の歌で有名なミズバショウと同じサトイモ科に属する植物である。ミズバショウやザゼンソウと同様、多湿地を好み炎の形をした仏炎苞《ぶつえんほう》に被われた花序をつける。この植物の特徴は、姫が名前につくように花がザゼンソウより小さく高さ約五㌢内外であり、葉が先に出てから花が咲き、翌年熟す点がザゼンソウと違うのである。主に北海道から本州の日本海側に分布する多年草で、「日本海要素」と呼ばれる植物のひとつである。

チョコレート色の仏炎苞に包まれたヒメザゼンソウの花はなんとも言えず可愛い。

華々しく図鑑を飾ることは少ないが、京女の森にこのような愛らしい植物が人知れずひっそりと咲くのをじっと眺めていると、何か大切なものを見つけてしまった思いに駆られる。初夏になったら、是非一度彼女たちに会いに出かけてみてほしいものである。

最近、このヒメザゼンソウによく似ているが、新種のヒメザゼンソウが発見された（朝日新聞二〇〇二年四月八日付け記事）。長野・新潟県境の鍋倉山にちなみ、ナベクラザゼンソウと命名された、このザゼンソウは東北から北陸まで日本海側の多雪地帯に分布するということなので、京女の森に生育するヒメザゼンソウも再調査する必要がありそうだ。

トガリベニヤマタケ（尖紅山茸）

二〇世紀において生物学が飛躍的に発達したことは誰もが認めるだろう。しかし、未だにこの地球上に生息する生き物の全てについては誰も知らない。生命を統一的に理解できるようにはなったが、現実の眼も眩《くら》むような多様な生命の存在についての理解はまだまだ不十分である。

目につく大きさである植物や動物については何千年にもわたる利用の上から詳しい観察がなされてきた。しかし、肉眼では見ることのできない大きさの生物、いわゆる微生物については顕微鏡が発明されるまではその存在さえ疑われていたのである。アントニー・フォン・レーベンフックというオランダの呉服商が自分でレンズを磨《みが》き、微生物を発見したのは今からわずか三〇〇年前である。その後、パストゥールやコッホを先達《せんだつ》として人間に病気を引き起こす悪者として病原菌の研究が行われてきた。一方、発酵という有用微生物の働きを巧みに生かした方法でさまざまな食品が作られてきた。両者とも人間にとり有用か有害か、いずれかの微生物に限られていることに気づく。ところが、自然界に住む微生物の多くはいずれでもないものが多いのである。

二〇世紀も終わりに近づいて初めて、人類は地球生態系という、より広い視点からこの地球という惑星の生き物たちを理解しようとし始めたのである。そういう視点から生物界を見直すと、動物界・植物界と対等の世界として菌類界がいかに大切かがよくわかる。たとえば、森林という生態系を考えてみると、生産者として緑色植物と消費者としての各種の動物がいる。そして、森林の土壌を作り出す分解者として菌類が不可欠な存在であることに気づく。キノコは単なる食品や薬品ではないのである。森林という地球生態系を構成する重要な生物の一員である。こういう視点が未だに十分に理解されていないように思われる。

さらに、菌類はその菌糸でほとんどの陸上植物の根と共生関係を作り上げていることをご存じだろうか。植物の根とゆるいつながりを通じて、菌類は土壌から窒素・燐《リン》酸・カリウム等を吸収して植物に与え、植物は菌類に光合成産物である炭水化物を与えて相互依存的な生活をしている。じつは、日本の代表的な森林に育成するほとんどの樹木の根にはこういった菌類との共生関係がみられる。われわれが眼にするのは地表に出たこれらの菌類の花ともいえる子実体《しじつたい》（いわゆるキノコ）だけで、地下での秘かな関係に気づく人は少ない。

ヨツバヒヨドリ（京女の森のヨツバヒヨドリは“ミツバ”が多い）2001年7月26日

このトガリベニヤマタケは京女の森を歩くとその色でよく目につく。この森は二次林だが、まだどんな菌類がいるのか今後の調査に期待され、その全容はつかめてはいない。あなたも京女の森で誰も知らない森の主役を探しませんか？

キタヤマブシ（北山附子）

家の庭の一隅に二本ほど蜜柑の樹がある。
わが家では以前から台所で出た野菜くずや果物の皮などの生ごみは一か所にまとめて捨てていた。ある時、庭に捨てた種子から実《み》生《しょう》が育ち四〜五㍍の樹になった。長い間花もつけずアゲハチョウが葉に卵を産んでは夏には羽化する母樹（マザーツリー）となってい た。ところが、ある年の初夏、突然甘い香りの白い花がたくさん咲き、冬から翌春にかけて黄色の実がたわわに実った。こうしてできた無農薬の甘夏蜜柑で毎年ホームメイドのマーマレードジャムをこ

しらえて楽しんでいる。まさに自然の恵みである。

わが国に毎年輸入される食料や飼料は人や家畜動物により消費され、推定で約二億八〇〇〇万トンもの家畜糞尿・下水汚泥・食品残渣《ざんさ》が発生している。これら生物系廃棄物に含まれる窒素、リン酸、カリウムの量は、国内で消費される化学肥料の成分量に換算すると、リン酸でほぼ等量、カリウムで一・九倍、窒素に至っては二・六倍にも相当する。家畜糞尿は土壌への還元量が莫大なため、酪農地帯では地下水や河川水を硝酸で汚染している。また、都市で発生する食品廃棄物は焼却処分によりダイオキシンを作り出しているのである。過剰な消費活動に起因する大量の廃棄物が「自然の循環システム」の能力を越えてしまい、さまざまな環境汚染という病を引き起こしている。いってみれば、国という組織体が一種の糖尿病になっているといえる。

自然の森に出かけてみよう。そこには人間の欲望が作り出すような大量のごみはなく、全ての有機物は生命の循環システムで完全分解されている。森では生物系廃棄物は立派な資源やエネルギー源となってさまざまな生命を支え、われわれの想像力を越えた素晴らしい生命体が息づいていることに気づかされる。

自然の有機物から作られた腐植質の多い、湿った半日陰を好むキンポウゲ科のトリカブトはその一例であろう。この花を一目見ると、戦国武士がかぶっていた兜《かぶと》を思い出させる。京都の北山に生育するトリカブトの一種がキタヤマブシである。ブシとは附子と呼ばれる塊根であり、

マルバフユイチゴ（6月10日には花であったが7月末にはすでに実る。「フユイチゴ」ならぬ「ナツイチゴ」）2001年7月26日

その成分であるアコニチン系のアルカロイドは強い強心作用を持っている。古来、薬として用いられるが、有名な本草学者であった白井光太郎博士は強壮剤としての処方を誤り命を落としている。

京女の森の日当たりのよい場所で咲く、その紫色の花姿には妖《あや》しい魅力がある。キタヤマブシの容姿の美しさには何度見ても見飽きない要素があり、ただただ感動するのみである。

京女の森ではこのような心をときめかす美しい花々が四季折々に観察できる。このような素晴らしい自然生態系が大原の里の奥に残されていることを、もっと多くの人に知ってほしいものである。

秋のいのち

秋は森が色づき始め、木の実やキノコの季節である。

ヤマジノホトトギスが荒谷内の観察ルート沿いに見事な花をつけ始めたら秋の季節がスタートする。リンドウの花は空に向かって開けた林道沿いに咲き、ガーネットのような妖しい紅色の実をつけるツルリンドウはあまり日の当たらない木陰に身を横たえる。

尾越にくる途中の大見の集落を流れる大見川の水辺には、黄色の見事な花をつけるオタカラコウが目を奪う。前坂峠あたりでは夏の終わりころから秋にかけ、大きな葉が輪生し花が線香花火を思わせるキク科のクルマバハグマが咲き出す。荒谷から二ノ谷管理舎へ向かう道には、小さくて硬い実をたわわにつけたヤマナシの木があるはずだ。

また、あちこちの沢沿いや荒谷に入れば、夏には白い可憐な花を咲かせたサワフタギがいつのまにか深いブルーの実をつけている。少し黒ずんだ実をつけているのはタンナサワフタギだ。

標高が六〇〇メートル以上ある京女の森周辺では、紅葉の季節は市内よりも早く例年一〇月中旬ころから始まる。このころになると、桃色の果皮で裂けると深紅の実をぶら下げるマユミやツリバナの見事な姿があちこちで楽しめる。秋も終わりに近づくと春の季節でふれたコシアブラ・ドウダンツツジ・クリ等の葉も色づいてくる。

京女の森は野生動物の餌となる実をつけるミズナラやクリが多く、秋になると周辺の植林地とは景観の違いが一目瞭然となる。二ノ谷尾根道を歩けば、色とりどりの紅葉が見られる左手の京女の森に対して、右手の京都市市有林は杉と檜のみの人工林のため緑色のモノトーンである。このような一斉林は経済効率を、雑木林は生物の多様性を優先しているからである。すなわち、山の生き物たちの餌となる木の実を生産しない人工林は、多様な生き物が生息しにくい環境をつくりだしている。

地図上の杭番号200番台のナメラ林道沿いに見られるアカイタヤ・ウリハダカエデ・オオモミジ・ハウチワカエデ等の紅葉《もみじ》の仲間は、一〇月には眼にも鮮やかな秋の彩《いろど》りを楽しませてくれる。京女の森はクリ・ミズナラ群集の落葉広葉樹林であり、秋にはもちろんキノコがたくさん発生する。鮮やかな赤色ですぐに目につくベニヤマタケや黄色のキイボガサタケを始めとして、ムラサキホウキタケ・ヒラタケ・スギヒラタケ・イタチタケ・チャツムタケ等今までに一六〇種類にも及ぶいろいろなキノコが京女の森で見つかっている。

この京女の森では日本で初めてというキノコが、京都市立錦林小学校校長をされ現在日本菌

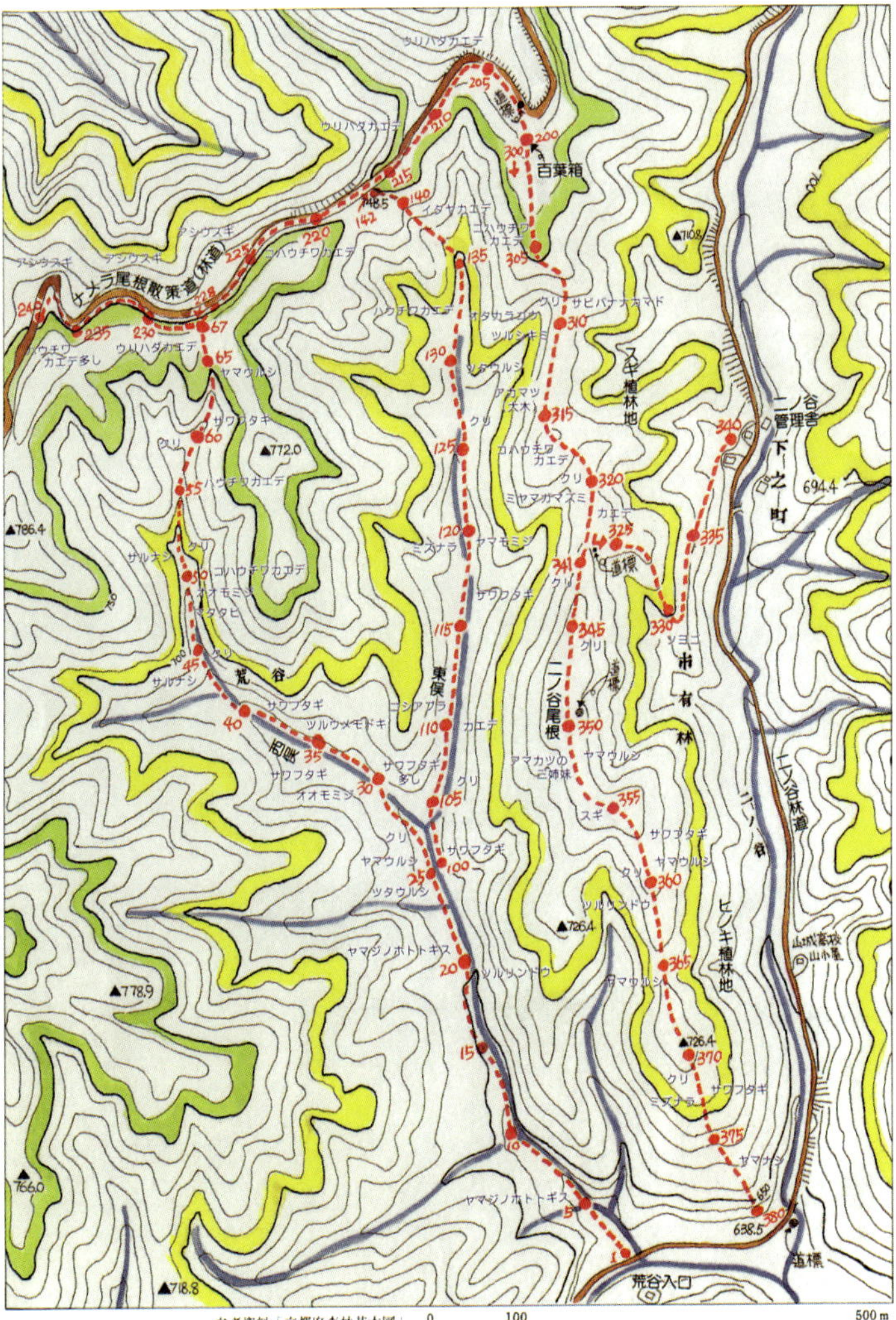

参考資料「京都府森林基本図」

アカイボガサタケ
ナメラ尾根
99.8.29

シロイボガサタケ
98.7.20

キイボガサタケ
ナメラ林道
99.8.29

アケボノタケ
荒谷入口
99.8.29

ルツボチャダイゴケ
荒谷内
99.10.10

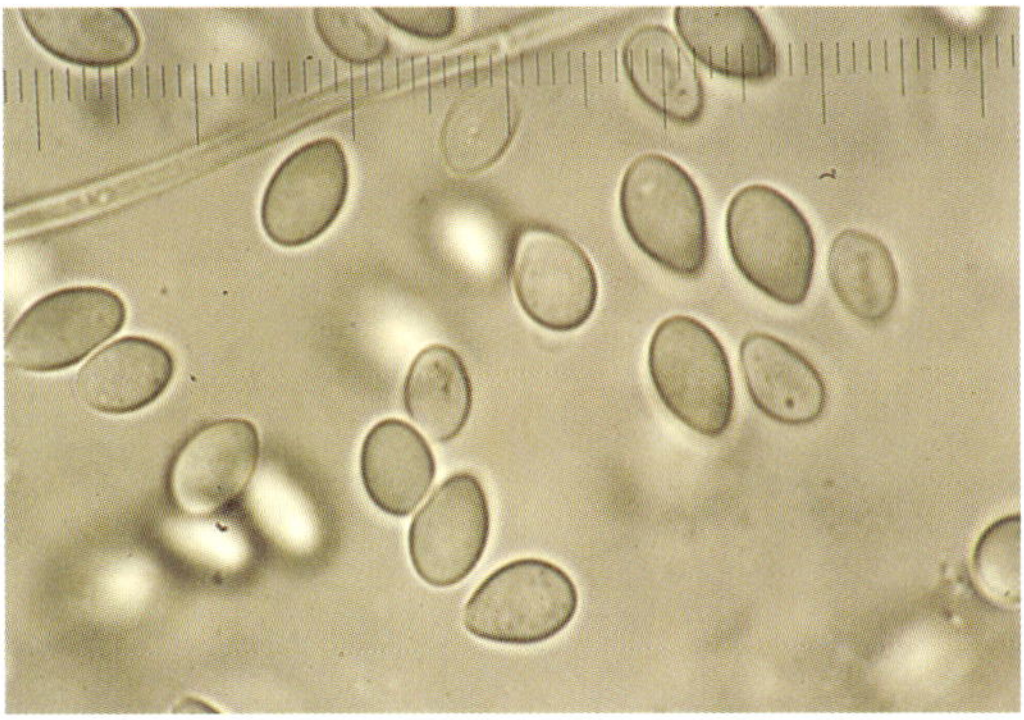

位相差顕微鏡でみた
ルツボチャダイゴケ
の胞子の姿
(500倍)

学会会員である吉見昭一氏により発見された。直径が一センチほどの小さなコーヒーカップ状で、枯れた杉の小枝に発生して針葉樹を分解するキノコだ。吉見昭一氏はこのキノコに「ルツボチャダイゴケ」という名前をつけられた。このキノコはここ尾越のような日本各地の忘れられた山里の杉林で静かに働いているのだろう。皆さんもキノコを探して森の中を歩いてみてほしい。珍しいキノコがあなたが来るのを待っているかもしれない。

落葉を踏みしめ荒谷内でシャーマントラップというネズミ罠をかけると、比較的簡単に森のネズミを生け捕りにすることができる。ここには落葉広葉樹林を住みかとする野生のネズミであるアカネズミとヒメネズミが生息している。雪がとけた春に荒谷内部の巣箱を点検すると、枯れ葉を利用したヒメネズミの巣がよく見つかる。その他、数は少ないがスミスネズミも確認されている。京女の森には野生のネズミが多いのである。

釣り堀のあたりでは、正真正銘のニホンイタチの雄がドジョウを餌にして捕獲された。また、京女の森ではシカやテンの糞が多く発見されており、野生の哺乳動物が生息するのに好ましい環境だといえる。野生のネズミが多いのは餌となる木の実や昆虫が多いことを反映し、またネズミを餌とする動物も多いという豊かな自然環境であることを示している。したがって、この森は日本の自然の豊かさである多様な生き物が観察できる京都北山の一つであるといえる。

マユミ（真弓）

七月末、初めて比良山に登った。同行者は、関西エリアのハイキングや登山の本を著している綱本逸雄氏である。

当日、白滝谷口から入った林道で車を止めて、登り始めた。二〇分程歩くと、汁谷《しるたに》という溪谷に入る。そこは素晴らしい溪谷だった。ところが、すぐに地下足袋を履いた沢登りをしている人、いわゆる「沢屋《さわや》さん」が溪谷に溢《あふ》れているのがわかった。何人いるかと思い、先頭まで数えると五〇名を超えていた。「なんとまあ」と二人で嘆息した。そして、登り詰めた沢の上流で大掛かりな、むき出しの下水処理施設を目にしてしまった。スキー客のための食堂やトイレからの汚水を処理して、この溪谷に流しているのである。

ここ数年、山登りが盛んになってはいるものの、自然との接し方を知らない人が実に多い。山には、静かに数人で出かけるのがよい。また、いくら処理したとはいえ、水源の上流に排水処理施設を作れば溪谷の水も飲む気がしなくなる。ともあれ、この溪谷の秋は素晴らしいとの友人の言がせめてもの慰めであった。

秋の雑木林すなわち二次林に出かけると、赤い実をつけた植物がよく目につく。たとえば、コバノガマズミやミヤマガマズミの仲間の実、ウスノキの実、ウメモドキの実、カマツカの実、樹に絡《から》んだツルウメモドキの実等である。その中でも、人里近い山道を歩いていると、ひときわ目につくのがニシキギ科ニシキギ属のマユミの実である。北は北海道から九州まで日本全土に分布し、朝鮮半島にも見られるという落葉小高木である。毎年、秋の終わりごろになると赤い実をたくさんつける木が一本、大見の集落内にある。この木の存在はまさにその実が熟すと、見事な橙赤色の種子が現れることで知ったのである。

同じニシキギの仲間にツリバナという植物がある。ツリバナの種皮を包む蒴《さく》果はあざやかな赤であるのに対して、マユミの蒴果は白っぽいピンク色である。また、マユミは蒴果が四つに割れるのに対し、ツリバナは五つに割れて垂れ下がる。ツリバナはその名前の通り、種子が長い小枝で釣り下がり、マユミは短い枝で群がってつく点でも容易に区別がつく。マユミの和名は昔、この木から弓を作ったとされるためで、材質が粘り強い。その他、版木や将棋の駒などに用いられている。同じ仲間で、紅葉の美しさで知られている錦木《にしきぎ》はよく庭に植えられる。しかし、雑木林に生育するマユミやツリバナといった植物は、秋の野山を彩っており、森を訪れる人にのみ、その本来の美しさを見せてくれる。

赤い実や青い実を見つけに、気の合った友だちや家族と山歩きを楽しむようになれば、日本の森の素晴らしさにすぐに気づくはずだ。

植物学者は、世界中で日本の紅葉ほど見事なものはないとまで言っている。日本人は自宅の庭の美しさに気づかず、隣の芝生の美しさに目を奪われているようである。そして、自然の中を観光旅行のように、集団で騒がしく歩き回る人々があまりにも多い。これからは生き物たちを驚かさずに行動してほしいものである。

森が色づく秋の季節こそ、われわれの品性や感性を高めるようなゆったりとした自然とのつき合いができるのだから。

ヤマジノホトトギス（山路杜鵑草）

二〇〇一年の夏は新しい発見をした。

スジグロシロチョウというパッと見るとモンシロチョウに見える近縁種だが、なんとレモンの香りがするのである。

捕虫網の中のこの蝶に鼻を寄せると発香鱗《はっこうりん》と呼ばれる部分から芳しいレモンバームの香りを発する。本当に驚いた。蝶が匂うなんて今の今まで知らなかった。まさに、先達《せんだつ》はあらまほしきかな、同行した昆虫の専門家である青柳正人氏に教えていただいた。

蝶は幼虫の時には特定の植物を餌とし、成虫になると今度は花蜜を吸うために花の咲いている植物を利用する。たとえば、ベニシジミはギシギシやスイバを食草とし、アゲハの幼虫はミカンの葉を食べている。だから、それぞれの幼虫が食草の植物から香りを盗んでも不思議はない。しかしである、どうしていろいろな花の蜜を吸っているはずのスジグロシロチョウがよりによってレモンの香りなのだろうか。自然界には子どもも大人も驚く不思議がある。

オタカラコウ（2001年9月15日）

　ところで、小さな花にはいろんな昆虫がやってくる。たとえば、キク科植物は舌状花と呼ばれるミニチュア花を纏《まと》めて集合体にしているので、訪花昆虫は次々と蜜を集めてゆくことができる。自然界では花が小さくてもたくさんある方が、少量ずつ次々と蜜を分泌するので昆虫には価値がある。ところが、人間は逆である。蜜など出なくてよいから花が大きい方がよい。長い年月をかけて自分たちの気に入った花をつける植物だけを選別し栽培化を進めてきた結果、植物は花弁本体に大きなエネルギーをかけねばならないこととなった。しかし、自然界では花の大きさは問題ではない。必要なのは昆虫のエネルギー源となる蜜や花粉である。植物は蜜を出す小花をたくさんつけている方が多くの昆虫が訪れ、受粉を助けてもらい種子を実らせることができることを知っているようだ。数億年の進化の過程で形成されたこのような自然界のいのちの結びつきは、実に不可思議な関係性である。

ヤマジノホトトギスは不思議な花である。雄しべと雌しべが融合して噴水のようになり、花びらには小豆色のユニークな斑点模様が描かれている。しかも、濃い緑色の葉にも黒ずんだスポットが浮かんでいる。茎に触るとざらざらした毛が下向きに生えている。この可愛い存在感のある花は、少し薄暗い荒谷の渓谷に沿った小道を歩くといくつも咲いている。じっと眺めていると、いつまでも飽きない花である。

ホモ・サピエンス（知恵あるヒト）が二〇世紀にはホモ・エコノミックス（経済追求的なヒト）となってしまったが、二一世紀には必ずやホモ・エコロギクス（生態的なヒト）となって、宇宙や自然の不思議を感じていける生命体にならねばならない。

スギヒラタケ（杉平茸）

秋はマツタケ（松茸）の季節である。
今や、毎年三〇〇〇トン以上ものマツタケが中国や韓国から輸入されている。しかし、どうもこの安いマツタケ、今ひとつ香りと歯ごたえがよくないようだ。やはり、姿や形が立派で香り高いマツタケは国産ものが優れている。最近は西洋ヒラタケである、エリンギーと呼ばれるキノコが出まわっている。このキノコ、焼いてもよし、妙めてもよし、歯ごたえもよい。国産のマイタケや本シメジに比べて安いこともあり、なかなか人気があるようだ。

ところで、カビとキノコは同じ種類の生き物である。どちらもその体は糸状の菌糸《きんし》と呼ばれる細胞でできている。この菌糸がゆるく絡《から》み合い、全面で胞子を作るのがカビ（糸状菌）で、菌糸がしっかりと絡み合い子実体《しじつたい》で胞子を生産するのがキノコと呼ばれている。つまり、水虫の原因である白癬菌《はくせんきん》もみそやしょうゆ等の発酵食品をつくるコウジカビも、シイタケなどの食用キノコと同じ仲間なのである。

実は、大多数の植物の根には糸状菌が感染し共生関係を作り上げている。これが菌根《きんこん》で、共生する糸状菌のことを菌根菌という。菌根には植物の根の組織に入り込んでいる内生《ないせい》菌根と、根の外側を取り囲んでいる外生《がいせい》菌根とがある。

森林の樹木で重要なのは外生菌根である。マツ科、カバノキ科、ブナ科、ニレ科、バラ科など多くの樹木の根には外生菌根が作られる。これに対して、内生菌根はほとんどの草本植物にもみられるが、樹木ではスギやヒノキのような針葉樹でのみ形成される。また、北半球の森林では外生菌根を着けた樹木が多く、熱帯では内生菌根を着生する樹種が多いことから、最初は内生菌根を形成していた糸状菌が植物の進化に伴い外生菌根を形成するようになったのではないかと考えられている。そして、マツタケ、テングタケ、ベニタケ、チチタケ科等のキノコ（担子菌類）に限り外生菌根を作ることが知られている。このような共生関係は、栄養状態のよくない土壌から栄養分を効率よく吸収して植物の生育を助けたり、病原菌に対する植物体の抵抗力を生み出すことが明らかとなっている。

一方、森の樹木が朽ちる時は森に住むさまざまなキノコがそれを分解して土に還《かえ》す。このようにキノコがいなければ森は産まれないのである。

木材腐朽菌《ふきゅうきん》と呼ばれるシイタケ、ナメコ、マイタケなどの食用キノコのほとんどは広葉樹を好み、針葉樹を分解することができるキノコは大変少ない。しかし、針葉樹の森に入ってみると、杉の切り株にはスギヒラタケが見つかる。このキノコ、香りは少ないが味に癖はなく、口当たりがよくて、いろいろな料理によくあう。雨が降った後、切り株のある杉の植林地に行くと、このキノコに出会えるだろう。

ごく最近、あの猛毒のダイオキシンを分解できるキノコが森の中から発見された。このキノコは猛毒の化学物質であるダイオキシンをやすやすと食べてしまう。植物の細胞壁を作り上げているリグニンを分解する能力で、その構造が似ているダイオキシンも容易に分解することが明らかとなった。なんと素晴らしい力をキノコは持っていたのかと思う。

森は多くのいのちに満ちている。

紅葉する森の美しさに驚嘆するだけでなく、森を育てているキノコたちの生態を知ればさらに驚くことが多い。これからもわれわれ人類は、静かにしかし着実に森という生態系を育てている生き物であるキノコ、すなわち菌類に学ぶことが多いことであろう。

サワフタギ（沢蓋木）

今年（一九九六年）は美味しい新米がいただけそうである。夏前には低温と日照不足で作柄が心配されたが、七月になり急に気温が上昇したのと、台風の上陸も少なく、おかげで稲の生育が遅れずにすんだ。まったく、お天道様のおかげでわれわれ、ホモ・サピエンスは生きてゆけるのである。

ここ数年、毎月必ず一回は京女の森へ出かけている。夏は市内の暑さを忘れさせてくれ、秋に入ると色とりどりの草花が咲き始めて山歩きを一層楽しいものにしてくれる。

二ノ谷尾根の南端から管理舎のある所まで芦火谷《あしびだに》川沿いに林道が走っている。この沢沿いに秋の花が咲き乱れている。なかでもツリフネソウはその花の形がユニークで、すぐに眼に飛び込んでくる。普通は濃いピンク色だが、先月末、釧路に出かけた時、春採湖《はるとりこ》のほとりでキツリフネを見た。なかなかしゃれた花である。

また、道ばたに咲く黄色のキンミズヒキや白い大玉の花火のような花をつけるシシウド。赤い米粒のような萼裂片を持つミズヒキ。いずれ劣らぬ水辺の花の才媛たちである。

ところで、秋は芒《すすき》が美しい。芒はいうまでもなく秋の七草の一つだが、野外に群れて咲くその姿を見ると、昔のわが家での月見の宴を思い出す。稲刈りがすんだころに野原に出かけて芒を採ってきて花瓶に挿し、秋の味覚である薩摩芋や葡萄《ぶどう》や梨などをお供えして名月の出を待つ。月明かりに芒のシルエットを見つつ月を眺めていたのはいつのころか。三〇年以上前には、ごく当り前だった自然との交《まじ》わりである。もちろん、子ども心にはその後で母親から分け与えられる味覚が待ち遠しかったのであるが。

京女の森を秋に歩けば、日本の自然が産みだした宝石に出会える。サワフタギの実である。ジャノヒゲの実のような濃い紫がかった青色をしている。初めて眼にしたときの印象が忘れられない。「あっ、あれはなに？」と思わず声が出たほどだ。この実の深い藍《あい》色は一度で脳裏に焼きついた。サワフタギの花は、初夏に咲き、純白である。白と青のコントラスト。こんな強烈な印象を持たせてくれるサワフタギが見られる場所は、水が豊富に湧き出る所だ。

昨今、ダムに沈む山村が多い中、秋の草木の実には何かしら私たちに訴えてくるものがある。

タムシバ（噛柴）

二〇〇〇年の八月中旬に、ミミズを研究している日本でも数少ない科学者の集まりに参加する機会があった。そこで、ミミズがいかに土壌の形成に大きな役割を果たしているかを教えられた。

京都大学の渡辺弘之教授の研究によれば、ごく普通に見られるクソミミズというミミズは、一平方メートルあたり一日で何と三リットルもの土壌を糞として地表に排泄するという。このようにして排泄されたミミズの糞は小さな団子状であり空隙が多くて、土壌改良剤として大変優れている。土壌動物や微生物が活動する場所を提供するからである。

植物の葉をはじめとするさまざまな有機物が土壌中にすむ動物により極めて効率よく分解されていることは、普通の人にはなかなか理解できないかも知れない。ミミズをはじめダニ、トビムシ等の人に嫌われる土壌動物が、じつは生命を生み出す母体である土を黙々と作り出しているのである。眼に見えない土壌微生物の働きとなればなおさらである。一グラムの土の中には一億匹以上の微生物が生息している。莫大な量の肥沃な土壌はこれらのさまざまな生き物の働きで形成されているのである。

このようにして有機物が完全に無機化されて初めて、植物は土壌中からミネラルを再吸収することができる。自然界では、全ての元素は循環し、生命のサイクルが完結する。

ところが、ダイオキシンの発生、埋め立て地からの汚水の流失、河川や湖沼の富栄養化などにみられるように、われわれは自然界の有機物循環のリズムを壊してきた。わが国における有機廃棄物の発生量をみると、生物系廃棄物は推定で合計二億八一四三万トン。その内で最大の家畜糞尿は年間九四三〇万トン、二番目の下水汚泥は八五五〇万トン、三番目が生ごみで、年間二〇二八万トンにも及ぶ。生ごみは家庭から出るごみの内で、実に重量で四〇%を占めている。

何と、家畜糞尿中の窒素、リン、カリウム量は現在使用されている化学肥料を上回るのである！

ところで、肉を一キログラム消費すると家畜はその肉の生産に五～一〇キログラムの糞尿を排出する。すなわち、肉食は大量のエネルギーを浪費するのみならず大量の排泄物をも生産しているのである。国民一人一人の飽食は、自然界の分解できる許容量をはるかに越えた有機廃棄物を生み出して、生命環境を汚染し破壊しているのである。

秋は自然の森を一人で歩いてみよう。いろいろな植物の実が足下に落ちているだろう。団栗《どんぐり》や栗、あるいは胡桃《くるみ》の実が見つかるかも知れない。もし、あなたが京女の森にある二ノ谷尾根を歩けば、白い香花をつけて春の訪れを教えてくれたあのタムシバの樹の下に赤い実を見つけるに違いない。この実はその魅惑的な赤い色で野鳥の訪れを待っている。実を啄《ついば》んだ野鳥が、この種子を遠くで排泄して再びタムシバの生命を育む。お互いに支えあう生命の仕組みである。生命循環のリズムは何万年も続き、われわれが現在眼にする自然環境を形成して来た。そこには、限り無い欲望を満たすため必要以上の食物を摂取し、自らの排泄物で自らの生存を脅かす愚かな生物はどこにもいない。

誰も来ない静かな尾根道で見つけたタムシバの赤い実が、何か大切なことを教えてくれる。瞑想する雰囲気が秋の森にはある。自然のリズムを体感するには、一人で静かに歩くのが一番よい。そして、自然を侮《あなど》ってはいけない。愚かしい人間の仕業に対しては、自然の寛容さにも限りがあるからだ。

ツルリンドウ（蔓竜胆）

一九九七年の中秋の名月は、台風一九号の影響で月見団子だけに終わった。いつもは自分で採取して来るはずの芒《すすき》も、「このごろ、芒も少なくなりましたね」と言いながら月見団子を買った店でサービスしていただいた。

以前はごく普通にあちこちに生育していた芒のような植物が、急速に見られなくなってきていることに気づかされる昨今である。たとえば、秋の七草の一つに藤袴《フジバカマ》がある。この植物は河川敷が代表的な生育場所である。ところが、河川敷の開発により全国的に激減し、いまや絶滅寸前の状態である。レッドデータブックによれば、日本に生育する約五三〇〇種類の種子植物とシダ植物のうち八九五種が絶滅の危機に瀕している、という。その内訳は、すでに絶滅したものが三五種、このままでは絶滅が心配される「絶滅危惧《きぐ》種」が一四六種、絶滅の危険度が著しく増大している「危急種」が六七八種、そして「現状不明種」が三六種、合計八九五種にも及ぶ。実に六種に一種の割合である！　そして、絶滅危惧種一四六種類について、絶滅に追いやる要因を調査したところ、園芸目的の濫獲《らんかく》によるものが六〇種、自生地の開発によるものが五二種、開発と濫獲の複合要因によるものが一〇種と、これらだけで実に八四％を占めることがわかった。このように、わが国の多様で豊かな植物相が、主として人為的理由から恐ろしいスピードで失われつつある。

さて、晩秋の京女の森に足を踏み入れると、林の中の落ち葉が積み重なった上に、深紅色の宝石が一つ二つと落ちているのが目にとまる。これがツルリンドウの実である。リンドウに似た花を八月から一一月にかけて咲くが、直立するリンドウとは違い、名前のごとく地表をつる状の茎で這《は》うのが特徴。ツルリンドウは花よりも実の方が目立つ植物である。紅い楕円形の液果には長い柄がある。ツルリンドウの属名 ***Tripterospermum*** は、その種子に幅一ミリほどの三個の翼《よく》がついていることに由来する。一方、秋を代表する花としてよく知られるリンドウの方は、その根を乾かしたものが竜胆《りゅうたん》と呼ばれ、苦味健胃剤として利用される漢方薬として有名である。

ツルリンドウは、低地から山地のブナ林などの落葉樹林の林床や二次林内に育成するごく普通の植物である。しかし、このような「ごく普通の何の役にも立たない」と思われる植物でも、これからは大切に保護していかねばならない時代になったことを自覚したいものである。

冬のいのち

冬はアニマル・ウォッチングの季節である。

一二月にはいると京女の森ではほとんどの木々が落葉し、針葉樹の緑が山々を支配する。この時期は落葉広葉樹と常緑針葉樹の生育場所が簡単に区別できる季節でもある。そして、落葉した広葉樹の冬芽を観察できるチャンスでもある。不思議な形をした冬芽をスケッチした後で、家に帰ってからゆっくりと図鑑でどんな木の冬芽かを調べる楽しみがある。

京都市二ノ谷管理舎前から二ノ谷尾根に出て百葉箱の設置してある地点（地図の杭番号３０0番）まで歩いて二〇分ほどだが、冬には途中のクリの木などには寄生したヤドリギがたくさんついているのが目につく。このヤドリギの緑のプロペラのような葉は双眼鏡を持ってくると詳しく観察できる。よく見るとオレンジ色の真珠のような実がたくさんついている。この実はキレンジャクの大好物で、運がよければキレンジャクが食べている姿が観察できるかも。このように双眼鏡はバード・ウォッチングだけでなくプラント・ウォッチングにも使えるのである。

このナメラ林道沿いにぜひウォッチングしてほしいものがある。それは野生動物の生活痕である糞だ。雪が降る前の一一月から一二月ころにナメラ林道を歩くと、この糞が簡単に見つかる。林道の縁のどちらかといえば山側よりは谷側にいろいろな野生動物の落とし物がある。この糞にはキツネやテン、イタチ、タヌキ等のものが見られる。夏は気温が高く分解も早いのか発見が困難だが、冬は気温も低く草も生えていないせいかよく発見できる。糞の形や色の他、内容物から落とし主を確かめることができる。このような落とし物調査をすることで、テンはこの季節にはサルトリイバラの実やフユイチゴのような液果をよく食べていることがわかった。一方、イタチの方は主にネズミ等を食べているようだ。

雪が降れば、見事な野生動物たちの足跡が雪の上にきれいに残る。これはフットプリント(footprint)と呼ばれ、動物により特徴があり冬の自然観察にはもってこいである。積雪期の午前中に管理舎の周りとか枯れた大木の周り等を調べると、ノウサギやイタチ・テン等の動物の足跡が観察できる。一月と二月の厳冬期に百葉箱までカンジキを履《は》いてナメラ林道上を歩いたことがある。シカも林道を歩くようで、深い雪の上にしばらく足跡が続いているのを目にした。

冬の間は山には食べ物が少なくなるので、牛の脂身を木に縛り付けておくとイタチやテンをおびき寄せることができる。雪の上に残された足跡が大切な手がかりだが、餌を縛り付ける位置から、キツネやタヌキが来たのか木登りの上手なテンやイタチなのかを推定できる。

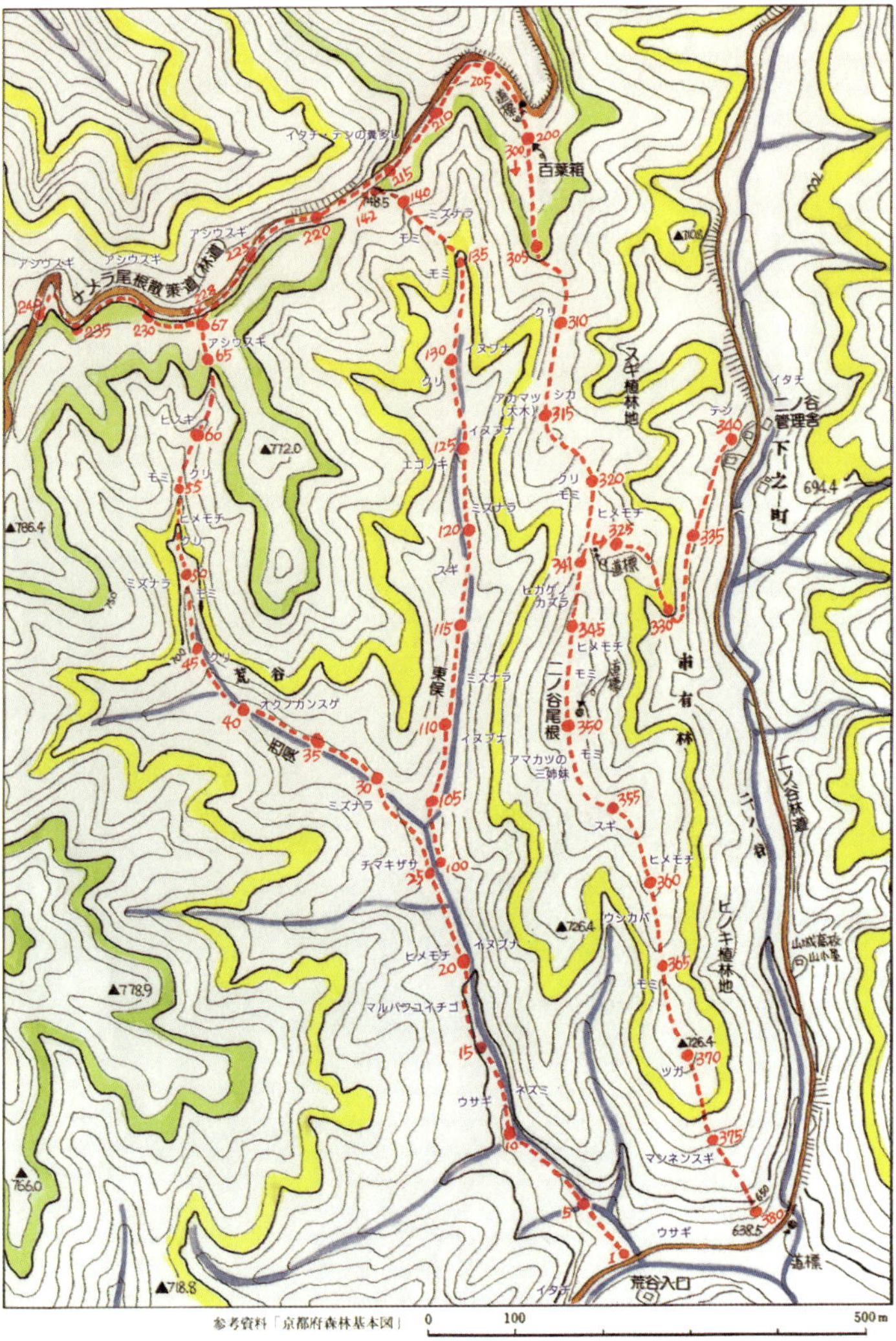

参考資料「京都府森林基本図」

①仕掛けた牛の脂身をねらうスステン（喉元のオレンジ色に注意）

②脂身にくいつき

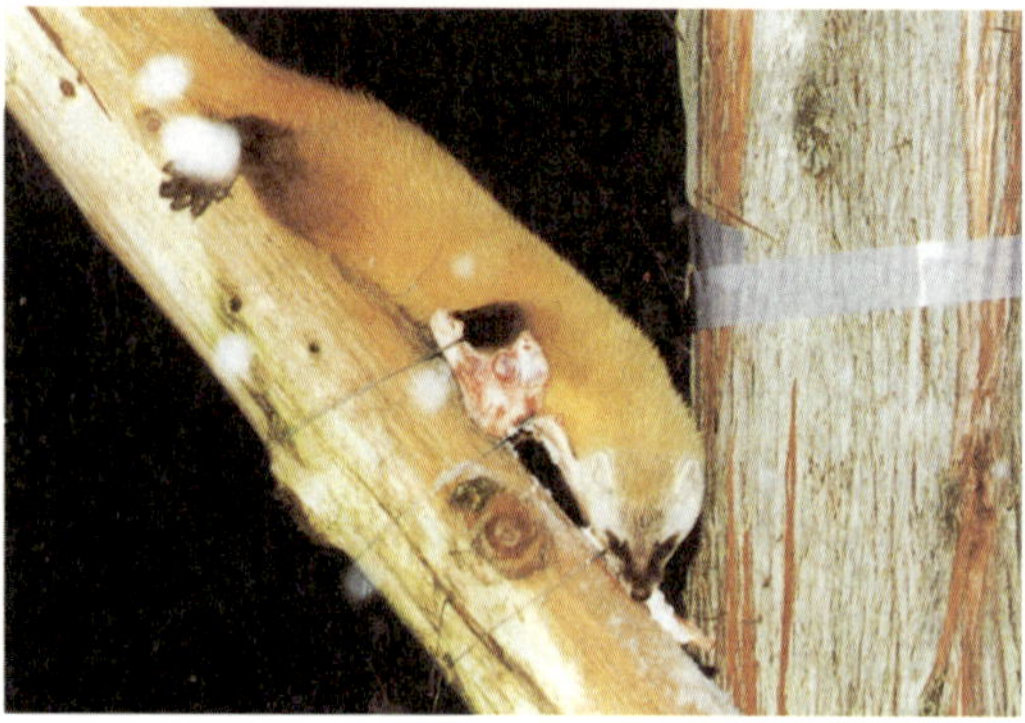

③すべりやすい丸太上で反転

④マーキングの動作か?

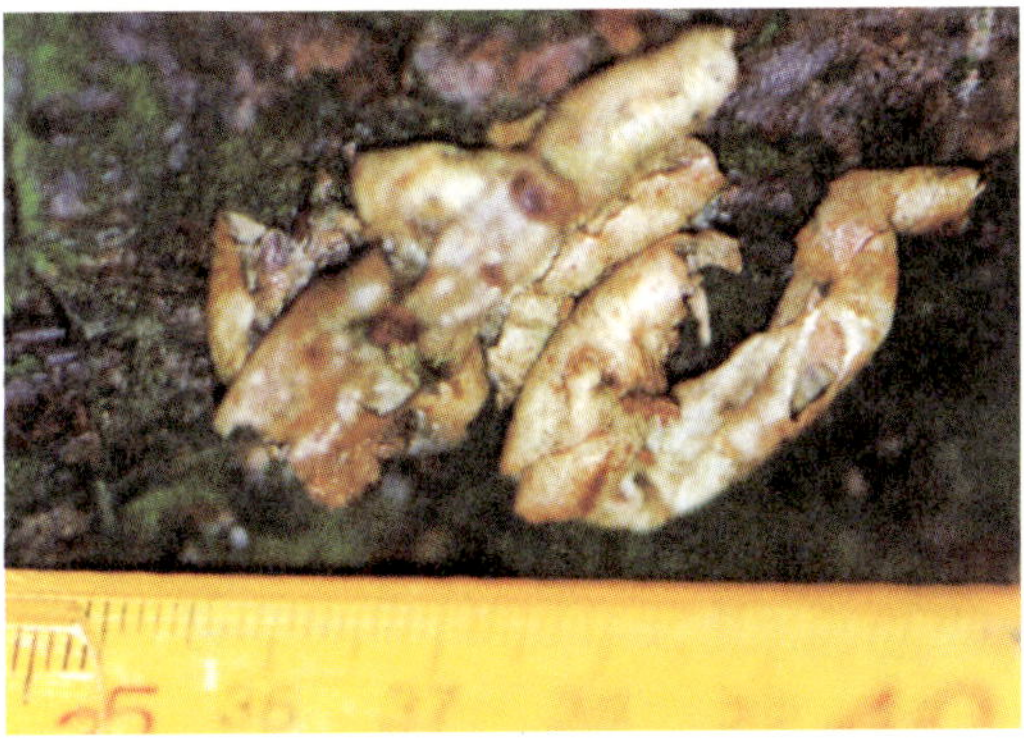

ニホンテンの糞

アカギツネの糞

このようにしておびき寄せた野生のテンの姿を、赤外線センサー付きのカメラで撮影するのに成功したのは調査を始めてようやく五年目の冬だった（写真参照）。そして、京女の森に生息していたのはスステンだということがわかった。テンはイタチに比べて人目に触れることが大変少ない動物であり、この写真は大変貴重な記録である。

イタチの生態に詳しい哺乳類学会会員の渡辺茂樹氏によれば、いわゆるチョウセンイタチと呼ばれるシベリアイタチは町中に多く、ニホンイタチは人の住む里山近くにすむようだ。シベリアイタチとニホンイタチの体毛の違いを走査電子顕微鏡で比較検討したことがあるが、両者ではっきりとした違いは見つからなかった。したがって、糞内容物中に含まれる体毛からイタチの種類を明らかにすることは今のところ成功していない。このようなイタチやテンなどの日本の肉食哺乳類の生態についてはまだまだ謎に包まれていることが多い。

ともあれ、日本海側と同様に、長く厳しい冬がみられる尾越周辺では積雪が一《メートル》を越える。このような長く厳しい冬を過ごす森の野生動物たちにとって、晴れわたった午前中は出歩きたくなる気分になるのだろう。新雪上の足跡がそのことを雄弁に物語っている。

スミスネズミ

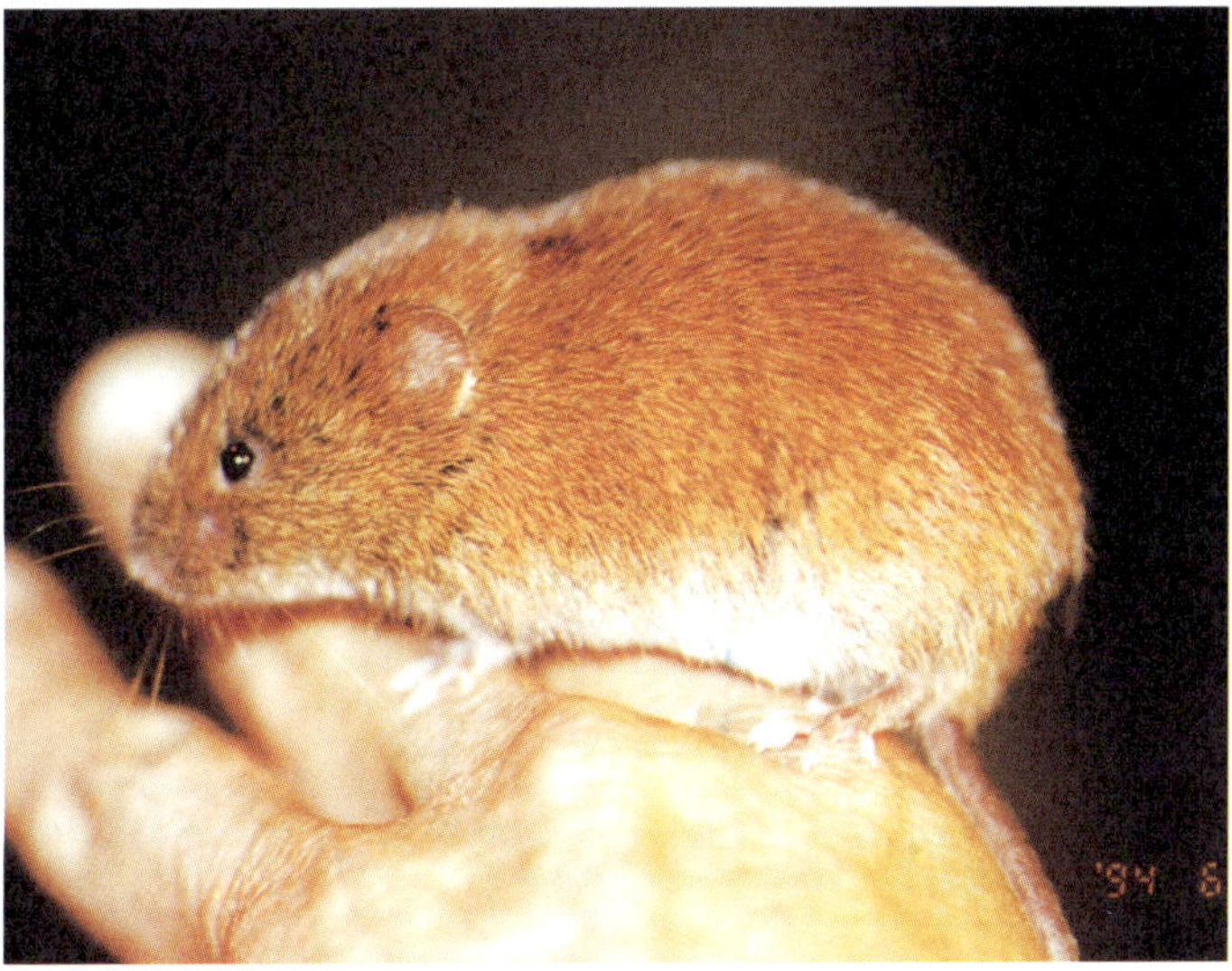

森にはさまざまな生き物たちがいる。一九九六年の干支《えと》にちなんで京女の森にすむ野生のネズミたちのいくつかを紹介したい。

森に出かけて「野ネズミウォッチング」しようとしてもバード・ウォッチングほど容易ではないことに気づく。なぜなら日本の森林にはかなりの密度で野ネズミが生息しているものの、かれらは夜行性であり野外で生きた野ネズミを見る機会はめったにないからだ。どうしても見たければ早寝早起が必要である。私たちは京女の森で、シャーマントラップという生け捕り罠を用いて、森にすむ野ネズミを調べたことがある。餌はゴボウテン。まず、日没前に野ネズミがいそうな場所に餌を入れた罠を仕掛ける。その際、罠全体をビニール袋でくるんでおき、捕まった野ネズミが雨に濡れて死亡するのを防ぐことが大切である。そうして翌朝できるだけ早く起きて、森に出かければ野ネズミに出会えるというわけだ。捕獲率は条件によるが三割以下である。こうした調査から京女の森にはアカネズミ・ヒメネズミとスミスネズミがいることがわかった。

森にすむ野ネズミは大きくハタネズミ亜科（ハタネズミ・スミスネズミ・エゾヤチネズミ）とネズミ亜科（アカネズミ・ヒメネズミ）に分けられる。この二亜科の違いは、ネズミ亜科は目が大きく、耳は体毛から出ているのに対してハタネズミ亜科の方は目は小さく耳は体毛に隠れている点である。また、アカネズミは尾が長く、ハタネズミは尾が短いのが特徴だ。ハタネズミ亜科のものは草食で植林苗に害を与えるが、ネズミ亜科のアカネズミやヒメネズミは木ノ実や昆虫を食べ森の生活に適応している。長い尾は地上を走ったり、木に登ったりする際にバランスを取るのに役立つ。耳が大きいのは天敵のキツネやテンの足音を聞き分け、目が大きいのはフクロウ類の攻撃から身を守るためと考えられる。アカネズミは純森林性（広葉樹林）のネズミで背中の体毛がオリーブ色を帯び褐色をしたたいへん美しいネズミである。ヒメネズミは後足の長さが二〇ミリ以下で、黒褐色の体毛をした木登りの上手なかわいいネズミである。鳥の巣箱などに枯れ葉を集めて丸い巣を作る。このヒメネズミ、実は日本列島の固有種なのである。

これに対して山地の沢ぞいの笹原等に生息するのがスミスネズミである。このネズミ、一九〇四年に英人ゴールド・スミス氏により神戸市摩耶山《まやさん》山頂で採集され、翌年オルドフィルド・トマスが新種として発表したネズミである。京女の森では今までに二頭しか捕獲されていない。日本の草原・笹原にすむネズミとしては、北海道ではエゾヤチネズミ、本州と九州ではハタネズミだが、四国ではスミスネズミが一番多い種（優占種）なのである。

京女の森には、このような可愛い野生の小型動物が生息していることはあまり知られていない。一度、夜の森をのぞいてみたいものである。

ミズナラ
（2001年９月15日）

スギ（杉）

杉、というと人は何を思い浮かべるだろうか。山地で最もよく目にする植林された針葉樹の一つであり、檜《ひのき》とともに雪を帽子にして林立する姿から冬の厳しさを思い出すかも知れない。あるいは、山頂を目指して登山した際に通過した杉木立の心地よい冷気とか、夕方であれば薄ら寒い雰囲気だろうか。

私の場合には子どものころの懐かしい思い出である。杉の葉の感触は実際に触れてみないとわからないが、細かい葉が多いので肌にふれるとくすぐったい。子どものころよく遊び廻った田圃《たんぼ》に出るのには、一番の近道が杉の生け垣に空いていた隙間だった。杉籬《さんり》で囲まれた社宅の周りは一面の水田であり、早場米地帯なので七月末には稲刈りが終わり、田圃は格好の子どもの運動場となった。セミの抜け殻もこの杉の生け垣で見つけたり、蜘蛛の巣を壊しては巣の中の蜘蛛を追い出して遊んだ記憶がある。当時、富山の家屋敷の周りには、このような大人の背丈より少し高い程度に刈り込んだ杉を生け垣にした家が多かったようである。子どもの肌にちくちくとするくすぐったい感触が冒険に出かける時の合図だった。もちろん神社に行けば、天に向かって聳《そび》えたつ樹齢数百年はあろうかと思われる大木があったが、それは眺めるものだった。今ではこのような鬱蒼《うっそう》たる大杉は切られてしまい、あちこちの社殿が寒風にさらされている所が多く、このような場所を見るにつけ、日本人の持っていた何か大切なものが失われてしまったような気がする。

実は、スギは日本の特産種であり外国には見られない大変貴重な樹木である。このことは、多くの日本人が意外と知らずにいるのではないだろうか。日本の針葉樹の中で最高の樹高を持ち、秋田県白神山地に五八㍍の天然樹があるほか、世界遺産で有名な屋久島には幹のまわりが一六・四㍍という縄文杉がある。また、雪の多い日本海側に分布する杉は雪の重みで枝が垂れ下がり、伏状しているものは芦生杉《あしうすぎ》と呼ばれる。京女の森にもナメラ林道沿いの尾根筋の雪の多い北斜面に十数本生育している。その姿はまるで巨人が両手を広げて立ちつくすようであり、近づくとその大きさに圧倒される。切り株の年輪を数えると、樹齢は千年もあることがわかった。

現在、スギは森の悪役にされている。しかし、スギの天然林は、人工林の分布に比べて大変狭い地域に限られており目にした人は少ないだろう。もともとスギという植物は、青森から屋久島まで広く分布するものの、花崗岩地帯の栄養の乏しい酸性岩からなる地域で、急峻な山地の尾根などの生育立地条件の悪い所に自然分布しているのである。したがって、人間が植栽して下刈りなど世話して初めてその生育がよくなり有用な材を得ることができる。自然に放置しておいたのでは、成長が早い落葉や常緑の広葉樹がスギよりも早く生育してしまい、スギがこのような条件のよい所に優占することはできないのである。

福井県三方町の鳥浜貝塚から縄文時代の杉の丸木舟が出土している。また、建築材としてはもちろん桶や酒樽を始め、葉からは線香や抹香が作られる最も寿命の長い樹木である。稲よりも古く、われわれ日本人と共に生きてきた杉は日本の文化そのものである。杉や檜の幹や葉に触れたことのない日本人が増えてきたが、杉の貴重さや有用さを忘れず、もう一度杉の持つ素晴らしさを再認識すべき時代ではないだろうか。

ヒダサンショウウオ（飛騨山椒魚）

一九九七年は温暖化の影響によるものかどうかつまびらかでないが、例年になく降水量の少ない年であった。それでも、一一月九日吉見昭一氏を迎えての京女の森でのきのこ観察会では四〇数種のきのこが針葉樹と広葉樹の混交林である荒谷内で採集できた。その中には一九九五年七月三一日にこの荒谷で初めて見いだされたルツボチャダイゴケ（六一頁参照）が含まれていた。吉見氏は大喜びである。このきのこ、杉の枯れ枝に着いていて、径が八ミリ、深さ一〇ミリのコップ状で、中に小さな碁石状の胞子を含んだものがいくつか

入っている、とても不思議なキノコなのである。このような日本新産種と思われるキノコが杉を植林した荒谷で見つかったのである。本当に、日本の自然のふところの深さは驚異的である。

ところで、その時にこのヒダサンショウウオが発見された。珍しいキノコはないかと熱心に切り株の根元の落ち葉をかき分けていた学生が見つけた。濃い紫がかった体色に蒔絵の金粉を散らしたような模様をもつ、正真正銘ヒダサンショウウオの成体である。キノコ採集でサンショウウオを発見したのは、大収穫である。というのも冬眠中のサンショウウオは探してなかなか見つかるものではない。このヒダサンショウウオ君の体重は六グラム、体長は一〇センチであった。最近出た平凡社の日本動物大百科五巻、両生類・爬虫類・軟骨魚類によれば「おもに落葉広葉樹林、混交林、針葉樹林の谷と斜面に生息し、川幅が狭く水量の少ない溪流の源流部や付近の枝沢で繁殖する」とある。まさにその通りの場所で見つかった、かわいい流水性サンショウウオである。

サンショウウオ属の仲間には穏やかな流れのよどみなどに産卵する止水性の種類と、流れの激しい溪流の源流部で産卵する流水性のものとがある。前者はカスミサンショウウオやトウキョウサンショウウオであり、ヒダサンショウウオ、ブチサンショウウオ、ベッコウサンショウウオ等は後者に属する。止水性の種から流水性の種が日本列島内で分化したと考えられている。サンショウウオはイモリと共に両生類の有尾目に属し、日本産のものは現在二二種知られている。

アミメニセショウロ

実は、世界的にみて降水量が多く、冬季には厳しい寒さの続く日本列島こそがこの仲間たちの生息に最適な環境なのである。その証拠に日本にすむ両生類の七八％は日本固有種である。今までこの小さな生き物たちについて注目されることはなかった。しかし、地球の温暖化が進めば、間違いなくこの可愛いいのちは絶滅してしまうだろう。今こそ真剣に身近な生命の保護に取り組まねばならない時代である。

ミヤマフユイチゴ（深山冬苺）

一九九七年は九月下旬に右腕橈《とう》骨《こつ》を骨折し、運転がままならず、毎月出かけていた京女の森に一〇月、一一月と行けずじまい。だから、数年ぶりの素晴らしい紅葉を見のがしてしまった。まことに残念である。

そして、師走。いきなり冬将軍の到来を初雪で知らされ、ますます早く京女の森に出かけたいと、想いは募る。というのも、日本海側の雪国の生まれであるせいか、白いものを眼にすると一刻も早く外へ飛び出して、雪と戯《たわむ》れたい衝動に駆られるからである。雪は今まで見慣れた風景を一変させ、純白の世界を出現させる。それが私にはたまらない魅力なのである。

　その純白の厳しい寒さの中で、山の斜面を真っ赤に染めて群生している冬苺を発見したときの驚きといったらなかった。ある冬のこと、運転席から何気なく外を見た一瞬、眼の中に何か真っ赤な物が飛び込んできた。何なのかまったくわからず、車をバックさせて、降りて近づい

マンネンスギ（2001年７月26日）

て観て初めてミヤマフユイチゴの実であるとわかった。その時のことは、今でもはっきりと覚えている。斜面全体が、絨毯《じゅうたん》を敷き詰めた冬苺の大群落となっていたのである。それからたっぷりと三〇分以上、苺狩りを楽しんだことは言うまでもない。この冬苺は茎に刺がありミヤマフユイチゴと呼ばれる。平地に生育する刺のないのは単なるフユイチゴで、容易に区別ができる。持ち帰ったイチゴから作ったジャムは、いうまでもなく市販の物とは比較にならない素晴らしい味がした。今年はどうだろうかと、今から出かけるのを楽しみにしている。

ミヤマフユイチゴの学名は *Rubus hakonennsis Franch et Sav.* で、カンイチゴとも呼ばれるフユイチゴは *Rubus Buergeri Mig.* である。よく似ているが葉が丸いのがマルバフユイチゴである。属名の *Rubus* はラテンの古名で ruber（赤）から出ており、赤い実に因む。*hakonennsis* は箱根産の、という意味である。いずれも山地の木かげにはえるつる性バラ科の小低木で、群生し見事な赤い実を冬につける。荒谷の杉林を初夏に歩くと、足元に白い花をつけた可憐なマルバフユイチゴがたくさん見られる。ただ、日当たりが悪いせいか、赤い実をつけた個体は少ない。

このフユイチゴ、物好きな人間以外に、たいていは野鳥や野ネズミなどが厳冬期に餌として食べているのだろう。なぜなら大概一冬越すと実がなくなっているからである。

雪の降る日に、誰もこない静かな木の下で、完熟した甘酸っぱいフユイチゴの実を食べているのはどんな山の動物であろうか。

ツルシキミ（蔓樒）

日本ほど素晴らしい自然環境や豊かな生物相が見られる地域はないだろう。この事実を最も知らないのは日本人ではないだろうか。

種子植物の数を比べてみよう。日本には四五〇〇種類、旧ソビエト連邦には推定で一万五〇〇〇種類、フランスが三三〇〇種類、旧西ドイツは三二〇〇種類、ニュージーランドには推定で約一七〇〇種類、英国は一六〇〇種類、そしてアフガニスタンには二六八〇種類の種子植物が知られている。それぞれの国土面積が違うので、一平方キロ当たりの種類数にすると日本が一二・〇、旧西ドイツが八・

九、英国は六・五、ニュージーランドは六・三、フランスは六・〇、旧ソビエト連邦は〇・六、そしてアフガニスタンは四・一となる。この中には日本だけでなく広く分布する種類も含まれるが、わが国にしか分布しない固有種は約一六〇〇種類はあるので、日本に産する種子植物のなんと約四〇％が固有種ということになる。

日本に固有種が多い理由として、南北に長いこと、山が多いこと、そして第四紀の氷河期に氷河の影響を受けなかったことがあげられる。日本列島は北緯二四度の波照間《はてるま》島から宗谷岬の北緯四五度まで、緯度にして実に二一度の範囲に広がった約五〇〇〇もの島々からできている。本州中部の平地は暖帯で、標高が八〇〇メートルも登ればブナやミズナラの優占する落葉広葉樹林となり、これは京女の森のナメラ林道がある地域に相当する。このように日本の国土は気候条件が多様化しており、ごく普通に目にするスギ、コウヤマキ、アスナロ、ワサビを始めとして実に一八科二七属もの植物が固有種なのである。

初冬の二ノ谷尾根を歩くと、この日本固有種の一つであるミヤマシキミの変種であるツルシキミがチマキザサの下に赤い実をつけている。ミカン科の植物でありながら冬の寒さに耐えることのできる有毒植物である。落葉することで厳しい冬に適応したブナやミズナラ。葉の面積をできるだけ少なくしたスギやヒノキのような常緑針葉樹。そして、常緑広葉樹でありながら雪の持つ断熱性を利用して氷点下の寒さから身を守るツルシキミ。植物の持つこのようなさま

ツルシキミ
（2001年９月15日）

ざまな適応戦略は、自然の持つ多様性の奥深さといのちの不思議を感じさせてくれる。

二一世紀に入り、ますます遺伝子操作技術が進み、生命を〝物〟として考える風潮が強まるだろう。しかし、生命を単に共通性から物質的に理解するだけではなく、自然環境とのかかわりで総体的に生命を把握する視点が大切である。このようなホリスティック(holistic)な教育が今求められている。その意味で、京女の森は素晴らしい〝いのち〟を感じる空間を提供しているといえるのではないだろうか。

テン（貂）

一月から二月ごろ、新雪が降った朝早くに京女の森に出かけると、真っ白な雪の上にはノウサギ・イタチ・テン・キツネ・タヌキ等の野生動物のフットプリントが見られる。なかでもイタチとテンの足跡はよく似ていて、最初はなかなか区別がつかない。しかし、京女の森環境調査の協力者の一人である渡辺茂樹氏によれば、なれると一目でその区別ができるそうだ。

確かによく観察すると、イタチでは前後の足跡に五本の指（指球）の跡がつき、新しいものであればその先端には爪跡が見られる。雪の上では左右の足を揃えて飛び跳ねるので、ほぼ平行に並んだ足跡が三〇チセンぐらいの間隔でつく。一方、テンでは、前足の足跡の上に同じ側の後ろ足の足跡が重なるか多少ずれている場合が多く、雪上では左右斜めに並んだ二対の足跡が続いているように見える。歩幅はイタチより広く五〇～七〇センチはある。

　また、テンの行動で面白いのは、かれらは見晴らしのよい所で糞をする習性があることだ。なぜ大きな石の上や切り株等の目立つ場所にするかというと、テンにとってはその方が自分自身を襲う敵を発見しやすいからだと思われる。三年前に行ったナメラ尾根散策道（京女の森を東から西に走る）上の「糞調査」では、ほぼ五〇メートルおきに発見されたテンの糞の中にサルトリイバラの種子と思われるものが多数含まれていた。イタチはネズミや魚、甲虫を食べる肉食性であるのに対して、テンは秋から冬にかけてはアケビ・サルナシ・カキ・ヤマブドウ等の果実も食する雑食性であることがわかった。また、京都市動物園の故小島一介氏によればテンは人工哺育するとよく人に馴れるそうだが、イタチは絶対に馴れないということである。いってみれば、イタチはネコ的でありテンはイヌ的なのかも知れない。しかし、イタチは人の前を横切ったりするが、テンはめったに人に姿をみせない実に用心深い生き物である。

　現在、日本にはキテン（黄貂）とスステン（煤貂）が生息しており、別種ではないかという人もいる。日本でもっとも美しい野生動物はテンであるといわれるように、その毛皮、特にキテンの冬毛は見事なものである。

この写真は久多で保護され、成長後にキテンとわかった幼獣である。久多や尾越の北山には確かにテンが多い。それはかれらの餌となる小鳥・ネズミやカエル・ヘビ等が多くいるからだと、小島氏は指摘していた。

すなわち、ただ一匹のテンの存在でも、その生命を支えるたくさんの生き物が生息する豊かな自然環境が京女の森にはあることを教えてくれるのである。一度、冬の京女の森を訪ねてみませんか。

コミネカエデ（2001年６月10日）

イタヤカエデ（2001年６月10日）

【ミニガイド1】峰床山へのハイキング

峰床山《みねとこやま》は京女の森の北に聳える京都府第二の高峰で、この山へ登る南からの登山道が二ノ谷尾根道になる。ですからこの山への登山道である二ノ谷尾根を歩くと、アカマツの大樹「尾越の女王」を見ることができる。峰床山は標高が九七〇㍍あり、広い山頂には木のベンチもあり大変眺めのよい場所に位置する山である。

　ハイキングにこの山を選ぶ場合は、二ノ谷管理舎のゲート前で車を止めてここから二ノ谷尾根沿いに四〇分ほど北に登れば山頂に到る。あるいは、ここから北東に登山道を取りフノ坂を越えて三〇分ほど歩くと八丁平に出る。この湿原の自然を眺めながらお弁当を食べるのもよいだろう。八〇〇㍍の稜線に囲まれた高層湿原である八丁平では四季折々の自然が楽しめる。春から夏の八丁平はシャクナゲを始めいろいろな植物が咲き誇り、野鳥の宝庫でもある。もちろん秋の八丁平の紅葉は見事なものだ。

　ここから峰床山の山頂へ登るにはクラガリ谷を一時間ほどつめるか、ブナやミズナラの林を見ながら北のオグロ坂峠からも行ける。眺めのよい山頂でお昼にするのもよい。天気がよければ、東には比良連峰が望め北には三国山系が、西には広々とした丹波高原の山々が広がっているのが見えるはずである。

　帰りは南の二ノ谷尾根に降りるか、逆コースなら八丁平を通りフノ坂越えで二ノ谷管理舎前に戻ることができる。

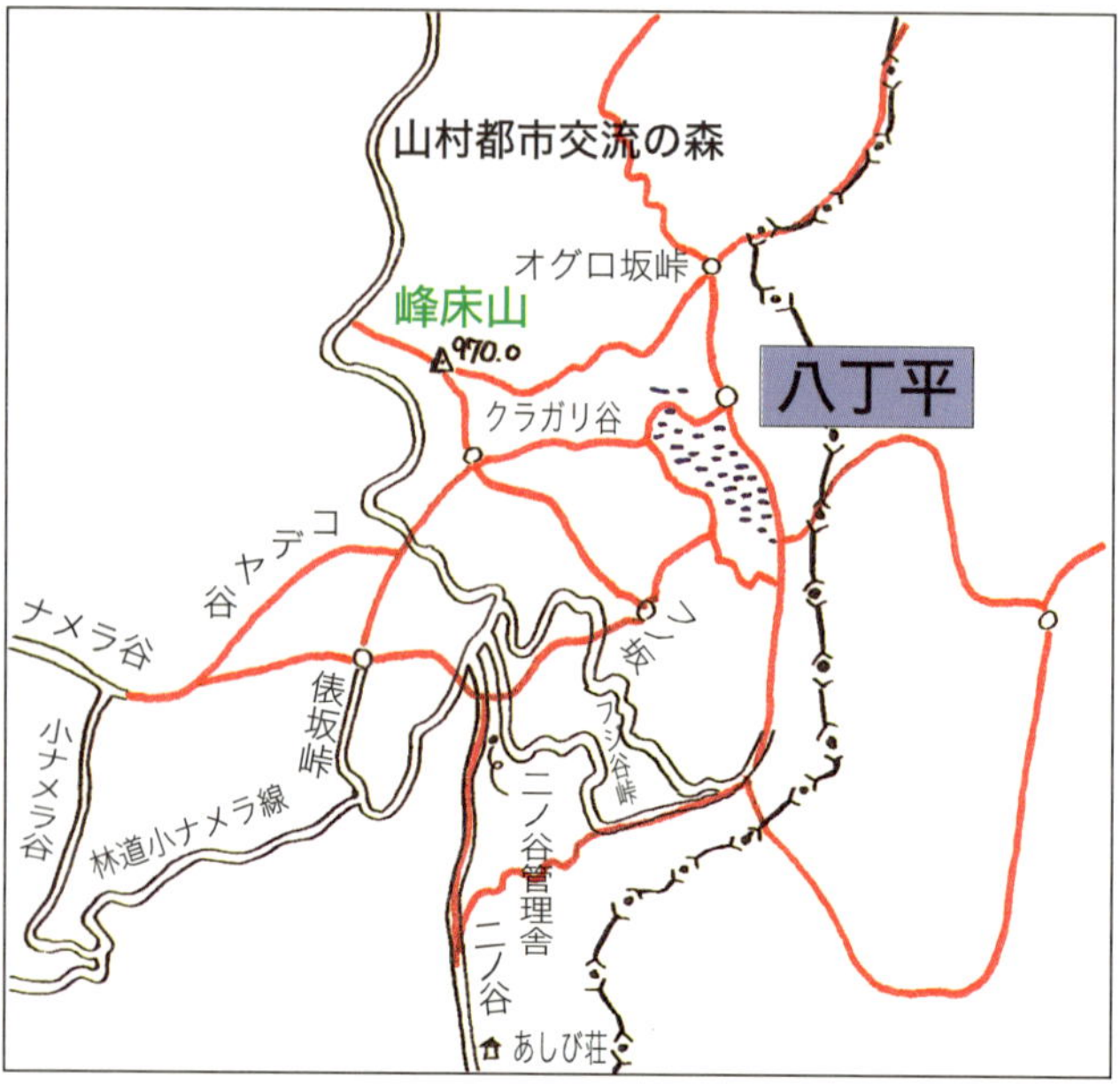

いずれにしても、二ノ谷尾根コースは登山者が少ないので本物の自然を楽しみたい方や、家族連れにもお勧めの日帰りハイキングコースである。

第二章

日本海要素の見られる森

一　大見・尾越の歴史と伝承

1　歴史について

左京区大原にある尾越《おごせ》と大見《おおみ》は、安曇川《あどがわ》源流の山間に位置する集落である。大見は小盆地を形成する大見川に沿った台地上にあり、尾越は芦火谷川《あしびたに》上流である尾越川沿いに位置する。両者とも一九七二年（昭和四七年）頃に廃村になる前は、生業は炭焼きが主であった。戦前までは大見、尾越はもちろん久多の村人も炭を担いで杉峠を越え鞍馬に運び、これが鞍馬炭として売られていた。

その昔、尾越は前坂峠の尾根を越えて行く大見の田圃《たんぼ》だったらしく「オコセノタンボ」と呼ばれていた、と地名研究家の綱本逸雄氏は述べている。

実は、尾越・大見は若狭から京都への古い若狭街道筋にあたる。若狭古道は、小浜から遠敷《おにゅう》、上根来《かみねごり》を通り根来坂を越えて桑原に至り、ここから針畑川沿いに小川越《こがわごえ》から久多に入る。久多からオグロ（小黒）坂峠をへて八丁平に入り、ここからフジ谷峠越えで尾越、大見を通り今の大見尾根から杉峠に出て鞍馬に至る街道であった。鞍馬からは市原、二軒茶屋を抜けて原峠から上賀茂神社、御園橋そして旧大宮街道を南下する。江戸時代になり百井経由の谷道が開発され、その後小川越が丹波越（久多―桑原）に代えられたようである。この若狭古道は、北の日本海側からほぼ直線的に都へと南下する、峠を利用したまさに伝統的な街道である。

杉峠と大見尾根道は古くから人が踏みしめている。すなわち、平安末期頃には鞍馬から杉峠を越えて大見尾根を通り、大見の村に入らず猿橋峠からチロセ谷を経て大悲山峰定寺《ぶじょうじ》への参詣道として利用されたようだ。この大悲山峰定寺は一五一四年（仁平四年）平家縁《ゆかり》の修験道の寺として建立されている。また、尾越の荒谷をつめて大悲山峰定寺に出る古道もあったようだ。

したがって、現在の大見・尾越は忘れ去られた山里となっているが、古くから若狭と都を結ぶ歴史ある主要な道筋に位置しているのである。

綱本氏によれば「奈良時代には東大寺や石山寺の造営に関連した木材を取るのが目的で、畿内にいくつかの杣《そま》の開発が行われた。杣山には伐採、造材、杣山からの木材の河川運送（筏流し）に従事する杣人《そまびと》がおり、寺院の造営に応じて山作所（今の製材所）が設けられた」ようで、安曇川流域一帯には広大な杣山があったようだ。事実、朽木村生杉の朽木の杣や、湖西線近江高島駅付近から北にかけて地下三メートルから多くの古い杉株が発見されている。

ところが、寺院造営の必要が無くなると杣人たちは分散してしまい、さらに地方の荘園化とともにその土地の領主の庇護を求めるようになったという。

平安末期から戦国時代には、大見庄という荘園名が出てくる。綱本氏によれば「山城国愛宕《おたぎ》郡のうちで、久多庄の南に位置する。平安時代は藤原道長の建立になる法成寺（上京区府立医大付近）の所領の一つであった。一一五九年（元治元年）にいたり、法成寺には替え地を行った上で、大悲山（峰定寺）領とされた。この時の前太政大臣（藤原忠通）家政所下文案には大悲山領となった中に『大見田伍町』とある。その後も法成寺の杣山領有は継続した」ということなので、もとは法成寺領久多庄の一部であったらしい。

そして、鎌倉時代には近隣の近江国葛川（滋賀県大津市）および久多庄と境界争いを引き起こした。鎌倉末期の記録には「久多本庄と大見庄」、「本新両庄」とある。

『葛川絵図』（一三一七年）からも「大見・尾越の領地は鎌倉後期から室町期は足利（将軍）家の所領となっていた」ことが窺えるが、「一五世紀初頭には醍醐寺三宝院に寄進され、江戸時代は山城国愛宕郡大見村は久多村と共に旗本朽木氏の知行地だった」（綱本氏の解説より）。つまり、江戸時代には尾越村は大見村の一部だったと考えられる。

そして、一八八九年（明治二二年）には愛宕郡大原村大見、同尾越となり、一九四七年（昭和二二年）には京都市に編入されて現在の左京区大原大見町、同尾越町となった。

現在も大見にあるが、廃校となった尾見《おみ》小・中学校の歴史が知りたくて、元大原分校であった尾見中学校教師として奉職されていた、現在京都市岩倉にお住まいの百武哲郎氏のお宅に伺った。そのときのお話を少し述べてみたい。

「昭和三〇年代後半からの石油、ガスなどを使用する燃料革命に伴い、尾越と大見で炭焼きを生活の糧としていた人々は次第に生計が成り立たなくなり、人口が減少していった」と話された。当時は尾見小・中学校には、大見と尾越両集落の子どもたちが生徒として修学していた。そして、教師と生徒・父母が一体となって地域の自然を生かした、生き生きとした教育活動が行われていた。この様子は先生自らが撮影された白黒の写真集からも十分に窺い知ることができた（ミニガイド４「尾越・大見の今昔」を参照）。

百武先生によれば、尾越には昔から平家の落ち武者が住みついたとの伝承があり、この周辺の久多や百井の村人とは明らかに言葉や生活習慣が違っていたという。たとえば、ウサギなどは捕まえるものの銃を用いるイノシシなどの狩猟はあまりしなかったようだとか、子どもたちがウサギを捕まえて持ってきて「先生、これを食べてたもれ」というので最初は驚いたとお聞きしました。また、尾越の村人はお互いに相手を呼ぶときには、「そち、そち」と言い交わしていたとも言われた。この話から、戦後も鄙《ひな》には珍しい都言葉が尾越の集落では使われていたことがわかる。

百井や久多は安曇川を遡《さかのぼ》ってきた近江文化の系列に属するが、長い年月を経て京都文化と融合して今では京都北山の集落となっている。そのことは、志古淵《しこぶち》信仰が残っていることからも窺える。しかし、百武先生のお話から推察すると尾越には、百井や久多と同じ安曇川水系でありながら、少し違う生活・文化を継承した人々が住んでいたようである。

古文書の記録等からも、このあたりは奈良時代の古くから人が生活してきた記録がある。冬の寒さはかなり厳しく生活することは楽ではないことから、このような奥山に住みつくにはそれなりの理由が必要であろう。平家縁の大悲山峰定寺には尾越の荒谷を越えれば行けるという地形も考えると、真偽のほどは定かでないが、平家の落ち武者たちが人目を忍んで住み始めたという伝承もあながち嘘ではないのかも知れない。秘められた歴史が尾越にはあるようだ。

一九七五年（昭和五〇年）には大見の世帯数はわずか四世帯、人口は六名、尾越の世帯数は三世帯で人口は六名という記録が残っている。石油、ガス等を用いるエネルギー革命がこの山里を襲い、今からわずか三〇年程前に大見と尾越の里山から村人は町へと生活を移さざるをえなかったのである。

その後は、八丁平への林道建設を目的に道路が整備されたり、あるいは大見に運動公園の開発計画が出たものの自然保護運動と財政難により中止された。そして今、このような時代の波に晒《さら》されてきた大見・尾越の山里は何事もなかったように静まりかえっている。

百井にある志古淵神社には「思子淵神社」という看板がある

2　志古淵《しこぶち》神社と筏《いかだ》信仰の伝承

大原大見と百井には志古淵神社と呼ばれる古い社がある。ところが、大見川や百井川と同じ安曇川水系でありながら、芦火谷川にある尾越の神社は厳島神社であるのは不思議である。シコブチには思古淵、志子淵、信興淵等、いろいろな字が使用されているが、ここでは旧京都府愛宕郡村志（一九一一年）に用いられている「志古淵」で統一して解説する。

このような「シコブッツァン」とよばれた志古淵神を祭るところが、安曇川筋には古くから七か所あり七志古淵といわれてきた。上流から本流筋の大津市葛川坂下町、同葛川坊村町、同葛川梅ノ木町、支流針畑川の朽木村小川、左京区久多町、それらの川筋を合わせ本流を下った朽木村岩瀬、安曇川町中野のシコブチ七社である。

綱本氏によれば、「志古淵信仰は古い筏神の民間信仰を伝えたもので、かつては旧暦十月七日を祭日としてこの川筋の筏師仲間が盛大な志古淵講を営んだ」という。

この志古淵神信仰を裏付ける次のような筏神伝説がある（民俗学者・橋本鉄男氏による）。

「昔、志古淵は、遅越の続ヶ原（大津市葛川梅ノ木町の奥山のおかい野付近）で筏を組み、子をその後方に乗せ下流に流していた。ところが急に川の中で停まったので、振り返ってみると、深い金山淵の岩に衝突したことがわかった。しかも今までいたはずの息子の姿が見えないので、驚いて、棹《さお》で川の中をかき回して捜した。すると一匹の大きな河童が息子を抱きかかえて川の底に沈んでいた。志古淵は河童をいさめて、息子を救いさらに筏を流していった。そして中野の赤壁の大淵というところまで来ると、河童が再び筏を引き留めた。志古淵は度重なるいたずらに腹を立て、河童を水の中から引き出して縛り上げ、この川筋では今後、どんなことがあろうとも、スゲの簑笠をまとい、ガマのハバキ（脚絆）を脚につけ、コブシの棹を手にした者に害を加えないことを誓わせた」。そして、この装束とはこの川筋の筏師であるという。

このシコブチ（志古淵）の語源については、シコを醜（ごつごつしていかつい、転じて凶悪・醜悪の意味）、フチは淵（水の深く淀んだところ）、つまり「気味の悪い、恐ろしい淵」を示すとか、シコブチは「地獄淵」の転訛《てんか》とか、シコは河童の別称「水虎」がスイコ→シコと変化したとする等の諸説があり、どれが真実か定かではない。

このような志古淵神信仰がいつ頃発生したのは不詳であるが、いずれにせよ、河童も「水虎」も文献に現れるのは近世中頃以降なので、筏神伝説もそれ以前に成立を求めるのは無理だろう、と綱本氏は述べている。

ただ、「この川筋は東大寺の創建時代から筏流しの歴史があり、志古淵神はその水を制した地主の筏神として、危険な淵の多い諸所に祀られたものに違いない」と綱本氏は推測する。

また「志古淵神は文献の上では、大津市葛川坊村町の明王院所蔵の『葛川絵図』(一三一七年)に初見する。地主神社として現在地に移されたのは一五〇二年(文亀二年)頃」であり、本堂・明王院の裏手、地主権現の左方に志古淵明神と記されていることを綱本氏は調査されている。

『日本の神々5』(一九八六年)と『葛川縁起』(『続群書類従28上釈家部九十八』より)には、この葛川明王院は八五九年(貞観元年)に慈覚大師円仁の弟子、相応によって開創されたとあり、その由来譚に志古淵神が登場する。

すなわち、「裏比良の山中に修行に入った相応は、翁の姿をした志古淵明神に出会って託宣を受けた。そして、相応は不動明王の後身だから仏法修行の聖地として領地を譲ろう、今後は明神は仏法守護を誓うといって姿を消した。相応はなおも三ノ滝で修行し、不動明王を感得し、明王院を建て、志古淵明神は明王院の鎮守神となった」と書かれている。また、『比叡山史』(一九九四年)によると、「志古淵明神は安曇川流域全体の土着の水神であり地神で、村人の信仰は平安以前に遡るという。志古淵明神の託宣は、流域村民の既存の山林所有権を相応の行場開拓によって天台側が奪取したことを暗示する」という。

このような文献から総合的に考えると、綱本氏が主張される「志古淵信仰は古い筏神の民間信仰を伝えたもので、この川筋の筏師仲間が志古淵講を営んだ」という説は説得力を持つ。

3 「鯖街道」の歴史

古来、若狭の特産物は奈良や京の都へ代々輸送されていた。京都から久多、久多から若狭へむすぶ街道は、比良山系裏の安曇川筋の道(国道三六七号線)よりも、むしろ尾越、八丁平を経て久多に出、針畑川に沿って近江保坂に出て、若狭へ抜ける道筋が本来の街道であったと、久多では伝承されている。

「鯖街道」のいわれは、昔から若狭湾で獲れた海産物を琵琶湖西部にそびえる比良山系裏側の街道を通り都へ運んだことから、塩漬けの鯖が代表名となってそう呼ばれたとされる。この「歴史の道」は、福井県小浜市から滋賀県朽木《くつき》村、大津市伊香立途中町をへて京都市左京区の大原を通り京都市内へ通じる道を指す(現国道二七、三〇三、三六七号線)というが、本当であろ

百井の道路標識

うか。

板屋一助著『稚狭《わかさ》考』（一七六七年）には、江戸時代、若狭、特に小浜から京へ通じる「魚の道」は、「小浜より京に行くに丹波八原通に周山をへて鷹峰に出る道あり。其次八原へ出すして渋谷より弓削・山国に出て行道あり。又遠敷より根来・久田・鞍馬へ出るもあり。此三路にもいろいろとわかるゝ道あり。朽木道、湖畔の道、すべて五つの道あり」と記されており、このうち、久多、大見、鞍馬を通る道を若狭路とか久多越といったようだ。

また、「若狭路　久多越という、又は小川越《こがわごえ》という。鞍馬口より鞍馬に至る一里二十一町御菩薩池・幡枝・市原・野中・二瀬を歴る。鞍馬より大見に至る三里十四町百井を歴る。大見より久多に至る三里山路険峭。久多より峠に至る江州高島郡界一里鞍馬口より此に至る八里三十五町」と江戸時代の地誌にあり、幹線街道の一つであったことがわかる。

つまり、観光やハイキングのガイドブックに書かれているように、国道三六七号線が「鯖街道」と呼ばれるに相応しい歴史的な証拠は見あたらないのである。

次に、塩鯖が本当にこのルートで運ばれていたかどうかについて、網本氏が文献を調査された結果を以下に紹介する。

古来、若狭の特産物は奈良・京の代々の都へ輸送されていたのだが、鯖に関しては古い文献には知る限り見あたらず、塩が目立つ。若狭で製塩が盛んだったことは、敦賀から越前へ海路をとった笠金村が「我が漕ぎ行けば　ますらをの　手結が浦（敦賀市田結）に　海未通女　塩焼く煙」と『万葉集』に詠んでいることからも窺える。事実、京都・福井両府県にまたがる若狭沿岸の各所では、古代の製塩遺跡が数十か所も発掘されている。

奈良文化財研究所が公開する、平城京から出土した約三万余点の木簡データーベースをキーワード「鯖」で検索すると、鯖の文字がある木簡は二二点。「能登国」が貢納したことを示すものは二点あるが、「若狭国」はない。逆に「若狭国」（一四九点）では、調として塩を貢納した木簡が多いことがわかった。

さらに、平安初期の『延喜式』には諸国特産の貢献物（調、中男作物）が記載され、「若狭国」の海産物は「鰒《あわび》、烏賊《いか》、貽貝《いがい》、塩」などが載るものの、鯖はなく「能登国」に載っている。

若狭から京への５つの道

金久昌業著『北山の峠　上』の巻末図より作成

このことからも、古くは若狭から都への道はどちらかといえば「塩の道」だったといえる。

近世になっても、『日本山海名産図会』（一七九九年）には鯖については「能登を名品とす」とあることから、鯖は若狭の特産品ではなかった、といえる。もちろん、与謝蕪村が「夏山や通ひなれたる若狭人」と詠んでいるように、若狭で獲れた鯖を代表とする魚は一塩ものにして都へ山越えで運ばれていたようだ。

ただし、若狭、特に小浜から京へ通じる道は、前に述べた『稚狭考』にあるとおり「小浜より京に行くに、丹波八原通（北桑田郡美山町知見）に周山をへて鷹峰に出る道あり。其次八原へ出すして渋谷より弓削・山国に出て行道あり。又遠敷より根来・久田（久多）・鞍馬へ出るもあり。此三路の中にも色々とわかるゝ道あり。朽木道、湖畔の道、すべて五つの道あり」と記されているようにいくつかの道筋があったことがわかる。

特に、五つの道に通じる小浜―今津間の若狭街道は、夜通しの運搬も行われるようになった。その一因には「伊勢路から京阪地方を衝いてきた魚問屋との競争で、南の海の魚が鈴鹿峠を越えて矢走（矢橋）に出で、船で大津から京都に送られる。その急便に対抗するため、若狭から午後の魚を担って、夜を徹して山路を越える必要があった」ためである（『若狭紀行』一九四〇年）。だが、これらの搬送ルートを「鯖街道」と呼んだ戦前までの古い記録はないと綱本氏は指摘している。

福井県立若狭歴史民俗資料館嘱託の永江秀雄氏も「この名称そのものは、恐らく戦後、ここ数十年の間に文筆家によって言いだされたものではないか」と述べられている（上方史蹟散策の会編『鯖街道』一九九八年）。

以上述べたような諸記録から結論をいえば、綱本氏が詳しく論証されたように国道三六七号線が「鯖街道」であるというのは近年創作されたもののようである。

確かに、若狭から京へは海産物以外にも木炭、油粕、穀類、下駄、菜種なども運ばれたことは事実である。しかし、本当の「歴史の街道」は久多越えであり、尾越や大見を通り鞍馬に抜けて都に至る道だったと考えられるのである。

最近になり、小浜から久多を通り尾越・大見を抜ける昔の小浜街道ルートに沿って、京都の出町柳まで走るマラソンが毎年行われている。盛夏に小浜から鞍馬口まで「京は遠くて一八里」といわれた最短でかつ最古の若狭街道、約八〇キロの山道を走り抜くという遠大なマラソンである。また、子どもたちを小浜から根来坂～針畑～八丁平～尾越・大見を経て花脊峠まで歩かせるイベントもあるようだ。このような催事は歴史を正しく伝えるものとして、嬉しい限りであり今後も継続してほしいものである。

【ミニガイド2】家康の通った道

一五七〇年（元亀元年）四月、織田信長が越前朝倉攻めをした際、妹婿の浅井長政の離反により、信長の軍勢が急ぎ京都へ撤退するとき、朝倉攻めに秀吉（木下藤吉郎）とともに同行していた徳川家康は、小浜の蓮興寺住職に案内されて針畑越えをし、鞍馬を経て京都に引き上げた。このルートは花折峠、大原経由説もあるが、小浜から遠敷・針畑川流域の小川・久多・大見・鞍馬の道だといわれている。

また、上杉謙信も都の近くまで近づきながら、軍をまとめて針畑越えをして越後に引き上げたことは、ＮＨＫの大河テレビドラマでご覧になった方もあろう。このように謙信を始め家康等の戦国の武将たちが一度は通った峠が、針畑越、すなわち現在の根来坂《ねごりさか》なのである。この道は、古く平安朝の頃から開かれ、若狭から京に上る最も重要で歴史ある街道であった。

二　尾越周辺の地形と地質

１　尾越周辺の地形について

京女の森のある左京区大原尾越町は、二万五〇〇〇分の一の地形図では「花脊《はなせ》」に含まれる。この地域の東側三分の一は、南北に延びた花折断層に沿って走る安曇川水系で滋賀県大津市に属する。西側三分の二は大阪湾に注ぐ桂川水系で、京都市左京区に属する。京女の森がある荒谷一帯は京都市左京区尾越に入り、安曇川水系の最上流に位置する水源涵養保安林である。

この北山地域には平野はほとんど見られないが、安曇川の江賀谷上流の八丁平と同様の埋積性の湿地が大見や尾越にも見られる。すなわち、大見川上流域や芦火谷川上流域に降った雨水は一度この小盆地に集められ、大見川と芦火谷川へと入り込んで安曇川に注ぐ。地形的にはいずれも最上流に形成された湿地状地形で、これは八丁平湿原の水が江賀谷を通り安曇川に注ぐのと似ている。八丁平が高層湿原を形成できたのは、基盤岩に層状チャートが存在するためである。

京女の森は市内左京区の最北部に位置して、三方を山に囲まれた自然林からなる山域である。南東には府内最高峰の皆子山《みなこ》が、北方には第二の高峰峰床山が聳え、北西には大悲山峰定寺がある。

この森の存在があまり知られてこなかった理由の一つは交通の便の悪さにある。ここへは大原百井町から大見に入りさらに前坂峠を越えねばならず、しかも道は京都市二ノ谷管理舎前のゲートで行き止まりとなる。日帰りのハイカーはここで車を降りて峰床山へ登るか、八丁平へは往復するしかないのである。

つまり、花脊のようにバスが通る国道やどこかに抜ける林道があれば利用しやすいが、行き止まりとなった道は利用者が限られてくる。このように交通不便な地形こそが、京女の森の自然の保護に役立ったといえる。全国各地にある大見・尾越のような忘れられた里山の自然にも、このような事情は当てはまるのではないだろうか。

2　尾越周辺の地質について

京女の森がある尾越は京都の北山地域にあり、この地域は京都西山地域とともに丹波山地の一部をなし丹波帯に属する。地帯構造の上からは美濃―丹波帯に属する。この丹波帯は三億三〇〇〇万年前から一億四〇〇〇万年前にかけてパンサラッサ海と呼ばれる大洋の深海底に積もった堆積物である海洋性岩石（緑色岩・層状チャート等）と、陸源性砕屑岩（泥岩・砂岩等）とが混合してジュラ紀に形成された付加コンプレックスと呼ばれる地層である。この丹波帯付加コンプレックスはさらに、相対的に新しい地層と岩石からなるⅠ型地層群と相対的に古いⅡ型地層群に大きく二分される。

Ⅰ型地層群は、ごくわずかに古生代ペルム紀の海底火山の溶岩や火山灰と石灰岩が見られる以外は、中生代の三畳紀とジュラ紀の砕屑岩から構成される。三畳紀中世からジュラ紀にかけては遠洋性堆積物である層状チャートが堆積し、ジュラ紀新世の泥岩と少量の砂岩がそれを覆って堆積している。

一方、Ⅱ型地層群は古生代石炭紀とペルム紀の海底火山を構成していた玄武溶岩や火山灰に始まり、海山の浅海部には石炭・ペルム紀石灰岩（これにはウミユリやフズリナなどの化石を含むことが多い）が堆積したものからなる。深海底には石炭紀末からペルム紀、三畳紀、ジュラ紀古世にかけて層状チャートが堆積し、さらにジュラ紀古世から中世の泥岩と砂岩がこれを覆ってたまったものである。

これらの地層のうち堆積年代が長いものは層状チャートで、六〇〇〇万年程度から一億年におよぶが層厚は最大でも二〇〇メートル程度にすぎない。その堆積速度は千年で数ミリメートル程度と見積もられている。一方、堆積年代は短いが最も多い堆積物は泥岩（頁岩《けつがん》）、つまり大陸に由来する泥が固まったものである。

これら二つの地層群は、広い地域にわたって上下に重なっているることが知られているが、上部のものの年代が新しいのではなくて、逆により古いⅡ型地層群がより新しいⅠ型地層群の上に乗っている。このような地質構造をナップ構造という。これは海洋プレートにのった海洋堆積物が大陸に付加するときに、以前に付加したより古い堆積物の下にもぐりこんで行くためにできる地質構造であると考えられている。

京女の森がある尾越から八丁平にかけての地域は、Ⅰ型地層群が分布する地域にあたる。すなわち、荒谷の地質はⅠ型地層群の佐々江コンプレックスに属するが、この森を取り囲む八丁平にのびる二ノ谷林道およびナメラ林道の地質は同じくⅠ型地層群の由良川コンプレックスに属する。ここには主に海洋性プランクトン・放散虫の遺骸が集積してできた遠洋性堆積物であるチャート、その上に積み重なる暗緑灰色の含放散虫珪質頁岩、黒色泥岩および少量の砂岩が見られ、またこれら丹波層群に貫入した玢《ひん》岩脈が見られる。

3　林道沿いに見られる地層について

図1に二ノ谷林道とナメラ林道沿いに見られる地層を示した。二ノ谷林道から久多に抜ける林道は途中で八丁平へと登る道と分かれ、峰床山の西側を回って延びている。この道沿いの崖

には層状チャートが見られ、褶曲《しゅうきょく》したり、断層で切られたりしながら繰り返し分布している。八丁平に入ると表土が厚くなり基盤は見られないが、小道に見られる小さな砕石はほとんどがチャートである。このようなことから八丁平・峰床山の山塊をつくる基盤岩には層状チャートが多いことがわかる(図2参照)。したがって、貴重な高層湿原として有名な八丁平が高原状地形をなしているのは、基盤岩に層状チャートが多くて浸食されにくかったためと考えられる。

　二ノ谷管理舎から北へ三〇〇《メートル》ほど延びている崖には砥《と》石《いし》型珪質頁岩を観察できるが、さらに久多への林道沿い

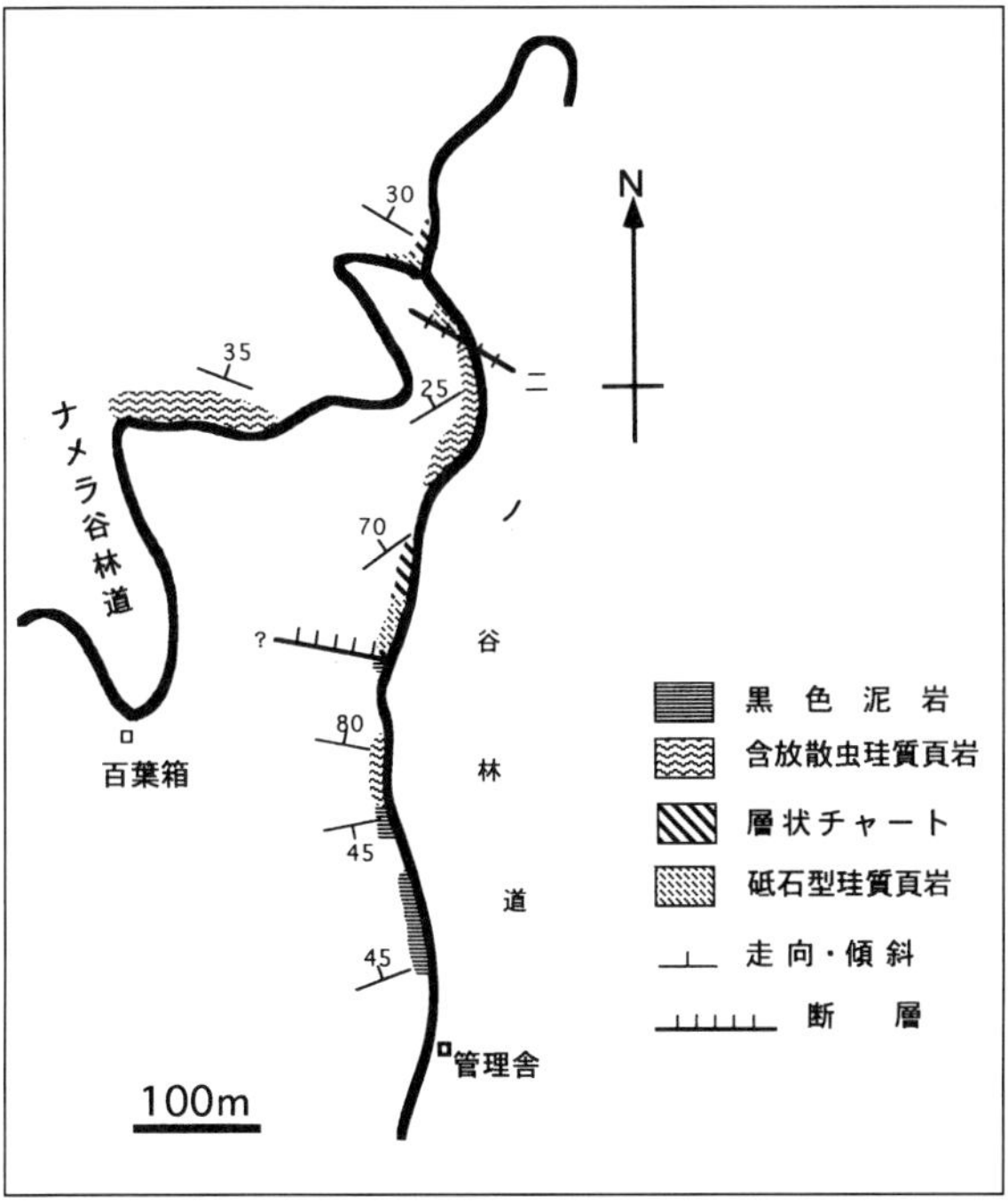

図1　京都市二ノ谷管理舎北方の林道沿いに見られる地層

にも多く分布している。そこでは砥石型珪質頁岩やその上に重なるチャートに挟まれて、真っ黒な層が目に止まる。この地層には炭素が数%以上も含まれ有機物が多く、手に取りこするとすすのようで指先が真っ黒になる。北海道大学の鈴木氏らの研究によれば、これは数十万年に一回プランクトンの大繁殖が起こったために、このような炭素質の地層が形成されたということである。

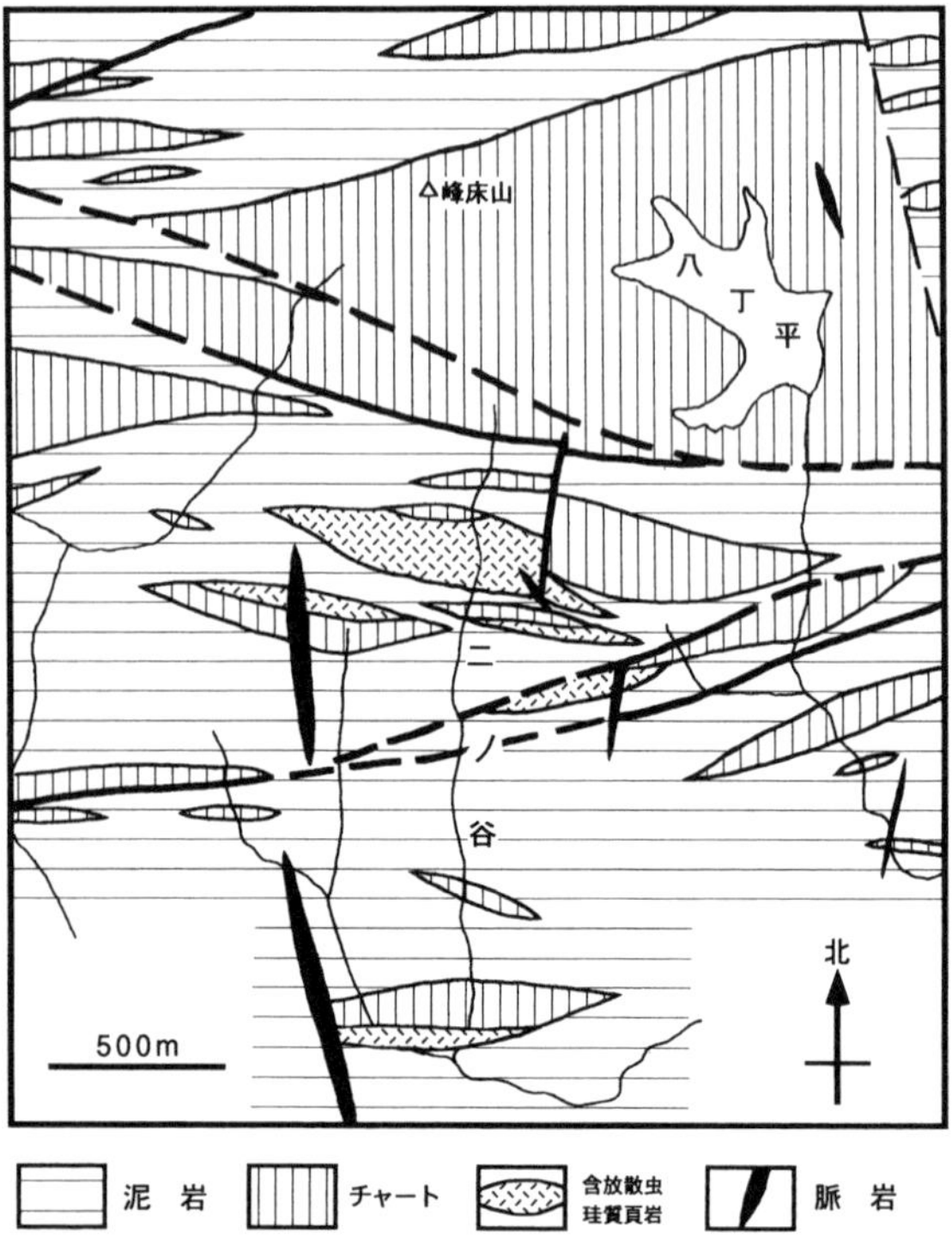

図2　尾越および八丁平付近の地質

パンサラッサ海の深海底にたまったチャートは北山一帯に見られるが、これらの地層は海洋プレートにのって移動しながら当時の中朝大陸と呼ばれる大陸のプレートにぶつかり付加していったと考えられる。海洋プレートが大陸に近づくにつれ、陸地から流し出されてきた泥が海底に堆積するようになった。それまで放散虫の遺骸ばかりが集積していたところに泥が入り込んできたので、この時期を特徴づける泥岩は放散虫をたくさん含み含放散虫珪質頁岩と呼ばれている。この含放散虫珪質頁岩は風化すると、枯れ草色に似たやや緑色を帯びた黄土色になるのが特徴である。二ノ谷尾根にある百葉箱から二ノ谷管理舎へと下るナメラ林道沿いにはこの含放散虫珪質頁岩の崖が続いている。この地層からは保存状態のよい放散虫の微化石（図３Ａ参照）が抽出され、その種類から年代はジュラ紀新世の約一億六〇〇〇万年前であると推定される。

やがて大陸のすぐ脇にまで接近すると、堆積物は放散虫の遺骸をあまり含まない泥となり稀に深海まで流れ下ってきた砂の層が挟まれるようになる。この泥岩から稀に算出する放散虫化石（図３Ｂ参照）からその年代が一億五〇〇〇万年頃（ジュラ紀新世）であるとわかる。北山の基盤を構成する堆積岩の中で最も多いのが泥岩である。黒色泥岩は風化していないものは黒色だが、風化すると黄土色で薄くなり、ささくれだってバラバラになりやすい岩石となる。

最後に尾越周辺で見られる古い時代の堆積岩について、武蔵野實氏が作られた岩相年代柱状図（図４参照）でその積み重なりを説明しておく。

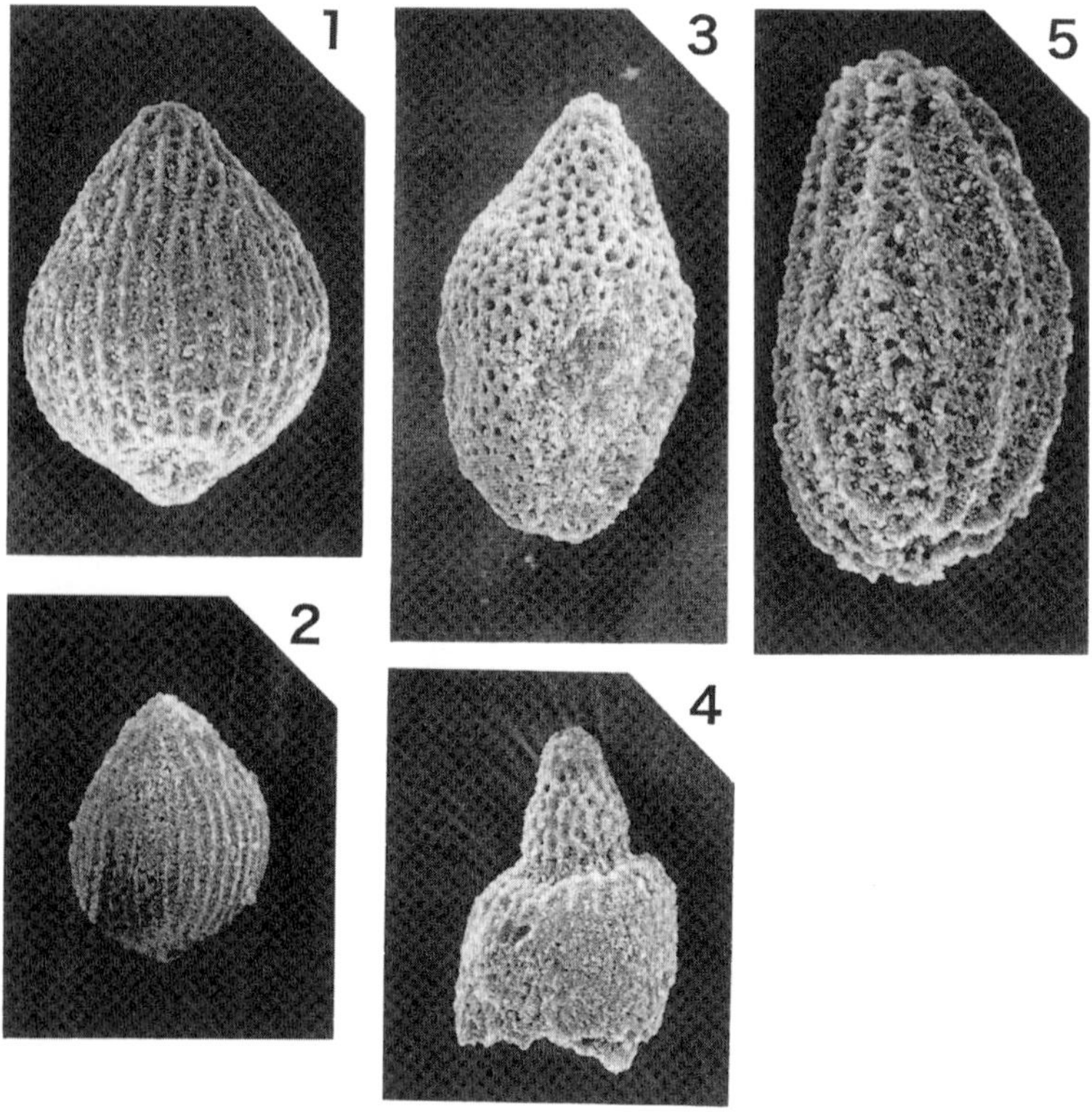

1 *Tricolocopsa conexa*
2 *Sticocapsa naradoniensis*
3 *Sticocapsa robusta*
4 *Eucyrtidiellum* cf. unumoense
5 *Protunuma* (?) sp.

スケールは0.1mm

図３Ａ　含放散虫珪質頁岩から抽出した放散虫化石

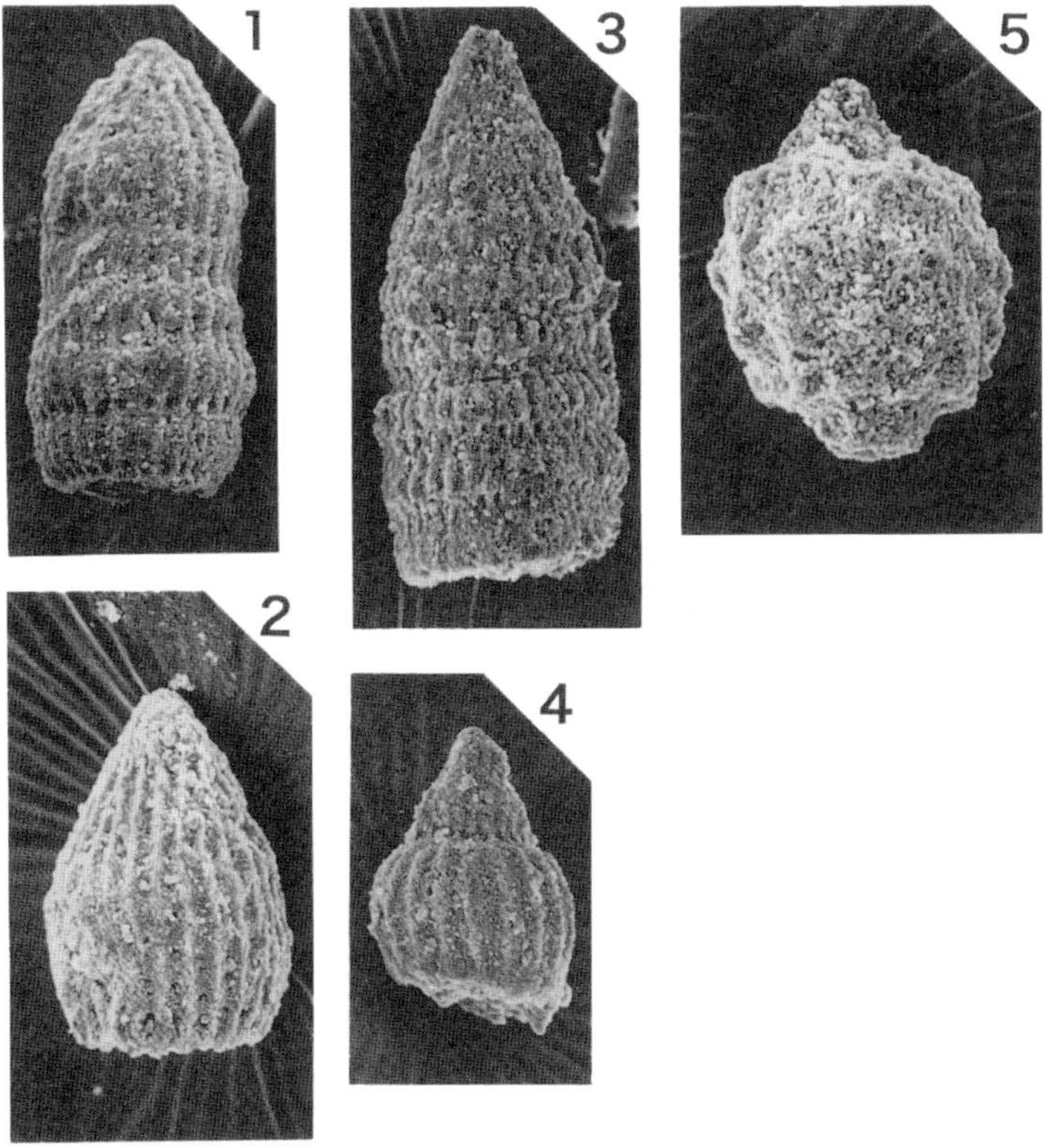

1 *Archaeodictyomitra* minoensis
2 *Tanarla* cf. conica
3 *Pseudodictyomitra primitiva*
4 *Eucyrtidiellum ptyctum*
5 *Williriedellum* cf. crystallinum

スケールは0.1mm

図３Ｂ　黒色泥岩から抽出した放散虫化石

（1）海洋底の形成：古生代ペルム紀か？
海底火山を作る玄武岩や、その上に堆積した石灰岩（二億六〇〇〇万年前）は尾越地域には見られないが、花脊の大悲山にある乳岩に見られる。
（2）砥石《といし》型珪質頁岩：中生代三畳紀古世（二億四五〇〇万年前）
古生代末の生物の大量絶滅後、プランクトンの少ない時期の堆積物からなる。コノドント化石を含み二ノ谷管理舎付近の崖にもあるが、久多へ続く峰床山西の林道に多く見られる。
（3）砥石型珪質頁岩、チャートと黒色炭素質頁岩との互層：三畳紀古世・中世（二億四〇〇〇万年前）
数十万年毎のプランクトンの大量発生（赤潮）が見られる。八丁平への林道に多く見られる。
（4）層状チャート：三畳紀中世（二億四〇〇〇万年前）～ジュラ紀中世（一億六〇〇〇万年前）
長期にわたる遠洋性堆積物の蓄積がある。京女の森を取り巻くナメラ林道沿いに普通に見られる。
（5）含放散虫珪質頁岩：ジュラ紀中世（一億六〇〇〇万年前）
海洋プレートの大陸への接近に伴い大陸の泥が流入する。百葉箱から二ノ谷管理舎へと下るナメラ林道の崖に見られる。
（6）黒色泥岩：ジュラ紀新世（一億五〇〇〇万年前）

大陸からの堆積物。やがて大陸に付加した。

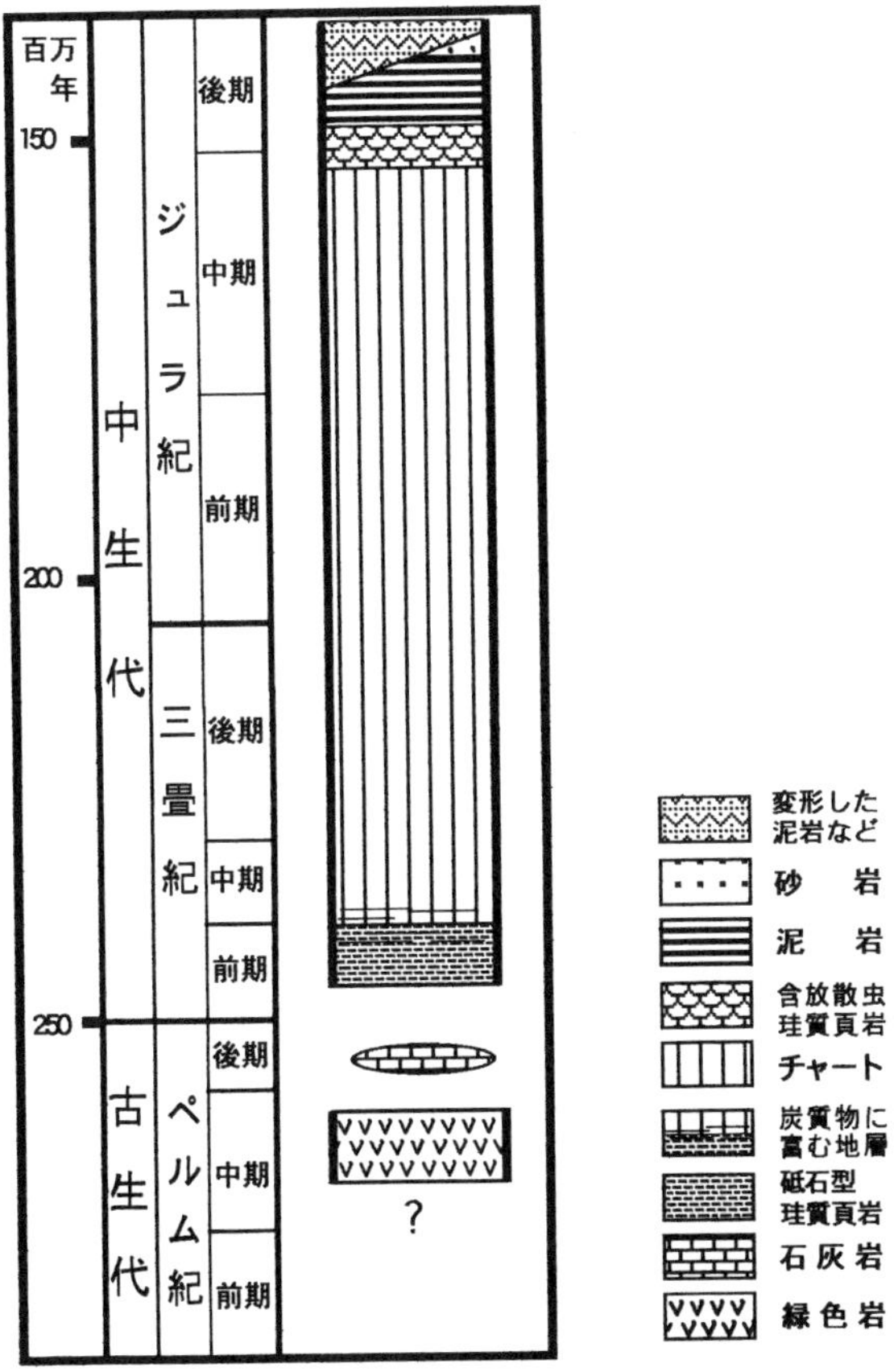

図4　八丁平付近の丹波層群の岩相年代柱状図

【ミニガイド3】八丁平の自然

　八丁平の海抜は八〇〇～九〇〇メートルあり、近畿地方では珍しい高層湿原である。この湿原の集水域は約九〇ヘクタール、湿原の面積は約五ヘクタール。四方が標高九〇〇メートル前後の山塊に囲まれ、浸食に強い秩父古生層のチャートが基盤岩を形成するため長く湿原状態を維持している。

　八丁平の植生の七五％はアカマツ、ハイイヌツゲと落葉広葉樹が占め、湿原植生は全体の一五％程度。湿原植生として、ミヤマシラスゲ、アブラガヤ、ヤチスギラン、モウセンゴケ、カキラン、カキツバタ、オオミズゴケ等が見られる貴重な自然である。

　湿原周辺の森林は二次林でスギ、ヒノキ、モミが点在するほか、クリ、ミズナラ、イタヤカエデ、コハウチワカエデ、テツカエデ、クマシデ、アカシデ、リョウブ、コシアブラ、アズキナシ等が見られる。ここの初夏のシャクナゲの開花と、秋の紅葉は素晴らしい。

　林床はほとんどチマキザサに被われるため、全国的にも有名なウグイスと野鳥の天国となっている。八丁平には素晴らしい景観と豊かな生物相が見られる。

　滋賀県側の葛川小学校から中村越えで入るのが通常のルートで、所要時間は約二時間ほど。一方、二ノ谷管理舎前からフノ坂越えでは一時間程で八丁平に到着できる。八丁平をぐるりと回る遊歩道を歩けば、この高層湿原の素晴らしい自然を満喫することができる。ただし、夏はマムシが多いことと、ここの水は飲料に適さないので注意されたし。したがって、フノ坂峠越えで八丁平に入る方が中村越えに比べて入りやすいので、自然観察を楽しみたい方や家族向きの山行ルートといえよう。

三　京女の森の気象について

京女の森は、滋賀県の琵琶湖に流れ込む安曇川の最上流に位置する流域を形成している小さな森である。ここは荒谷《あらだに》とよばれる小渓谷を囲む尾根に取り囲まれた地域で、標高は六四〇メートルから八三〇メートルの範囲である。したがって、この水源涵養保安林でもある京女の森に降った雪や雨は、荒谷から芦火《あしび》谷川《だにがわ》を流れて安曇川へと入り琵琶湖に流れ込むことになる。

荒谷の東側を走る尾根が二ノ谷尾根と呼ばれ、京都市内では一番高い山である峰床山（標高九七〇メートル）へと通じる登山道である。この森の西側は二ノ谷尾根に比較してなだらかな傾斜を持って広がっており、荒谷の西俣は小さな沢が集まってできている。森の北側にはナメラ林道が東西に走っており、京女の森の北東に位置する八丁平と西方に位置する花背の「山村都市交流の森」を結んでいる。

荒谷の内部はクリとミズナラが優占する植生が見られ、冬は二メートル近い積雪があり荒谷の林床はチマキザサに被われている。

この二ノ谷尾根がナメラ林道に出会うすぐ手前、標高八〇〇メートルあたりに百葉箱を一九九〇年一〇月に設置し気象観測を始めた。八丁平を除けば、このあたりの気象観測データはほとんどなかった。一月から三月の積雪期は、最初の四年間は記録を採ることができなかった。しかし、

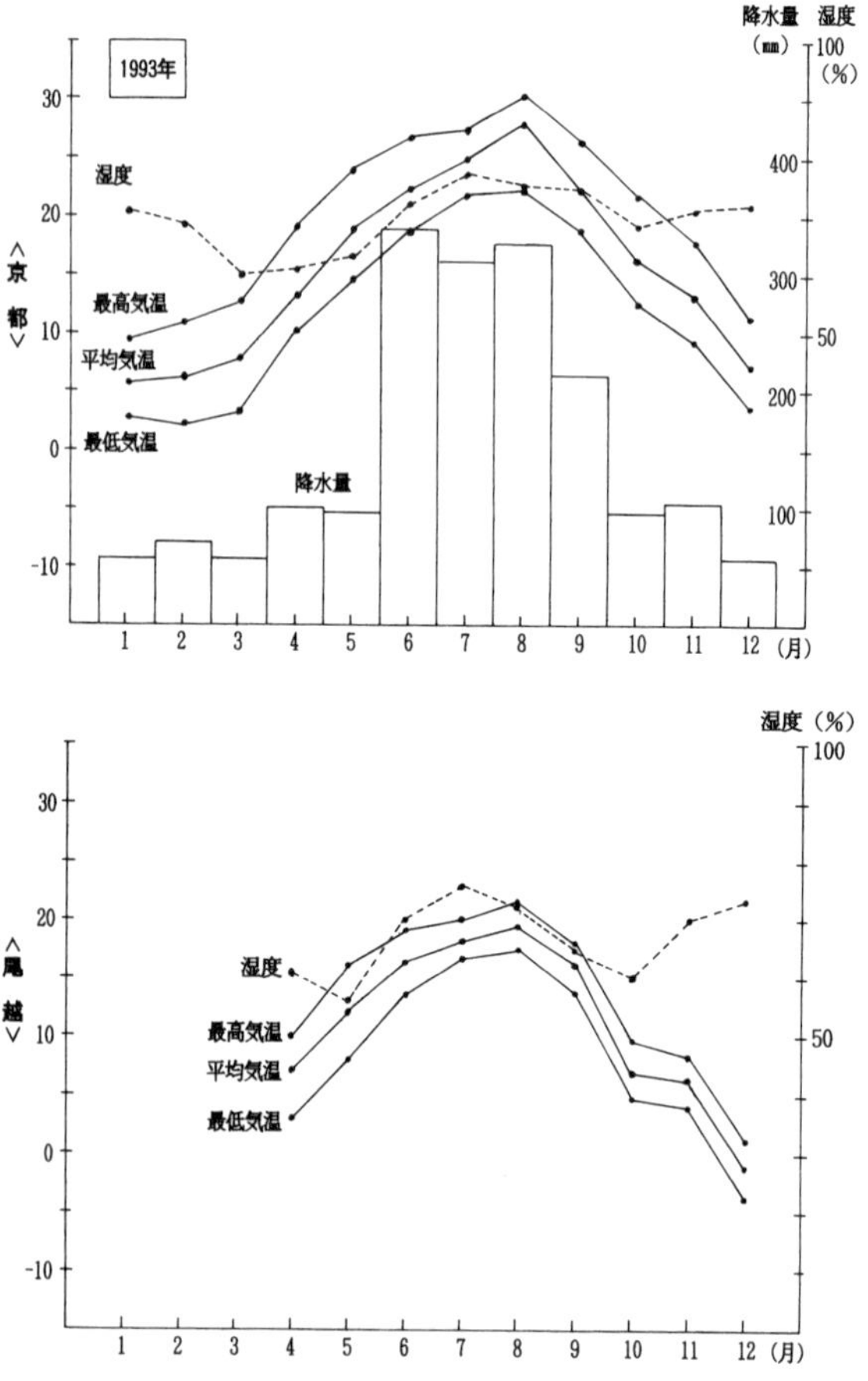

図1　A

五年目には晴天の日を選びカンジキをつけて一メートルを越す雪の中を一時間以上かけてナメラ林道沿いに歩いて百葉箱まで登り、記録紙の交換をして記録を採った。その観測結果を図1（A〜

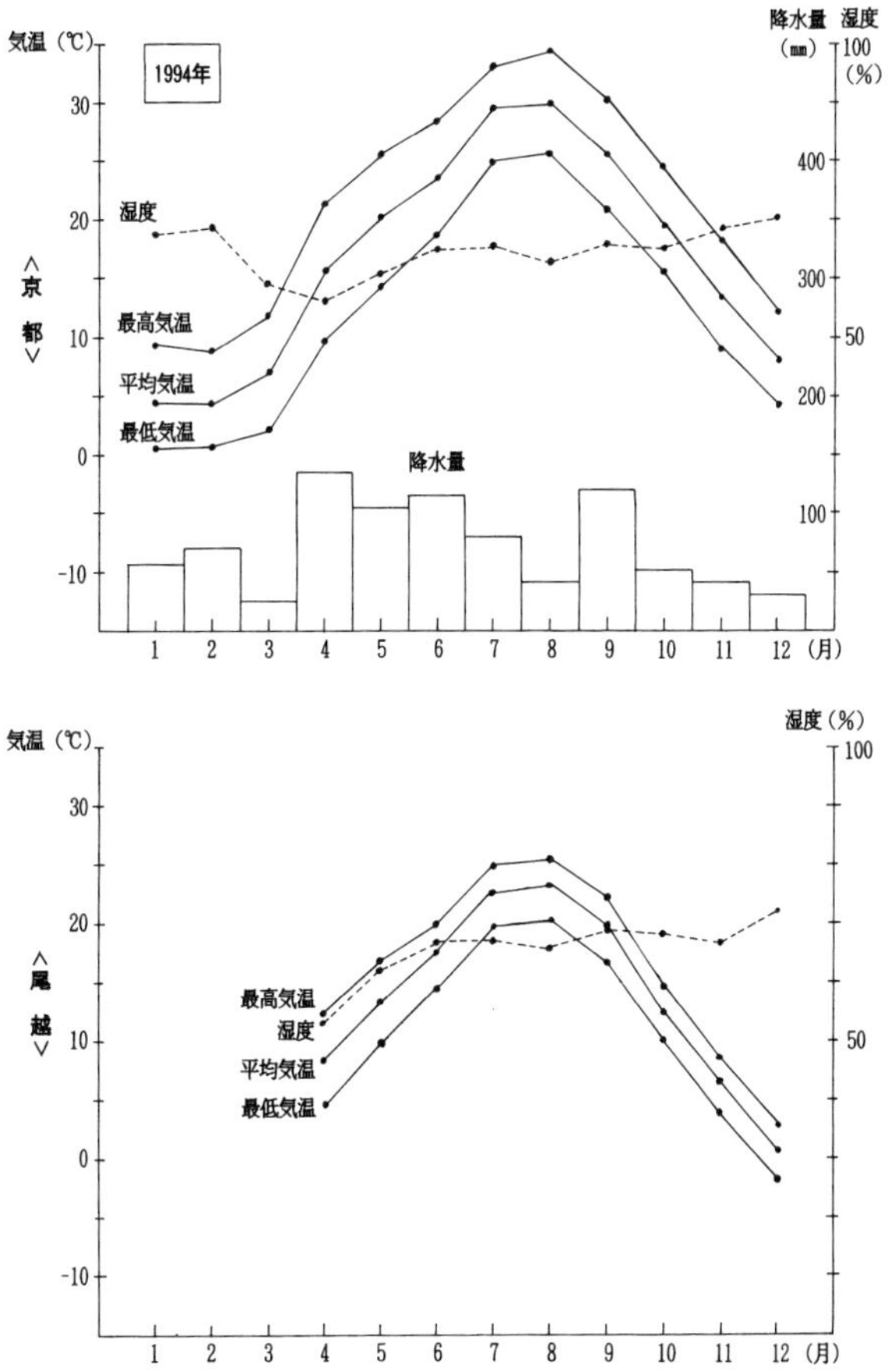

図1　B

C）に示した。同じ年の京都市内の気温と降水量を比較することで、次のような京女の森の気象条件が明らかとなった。

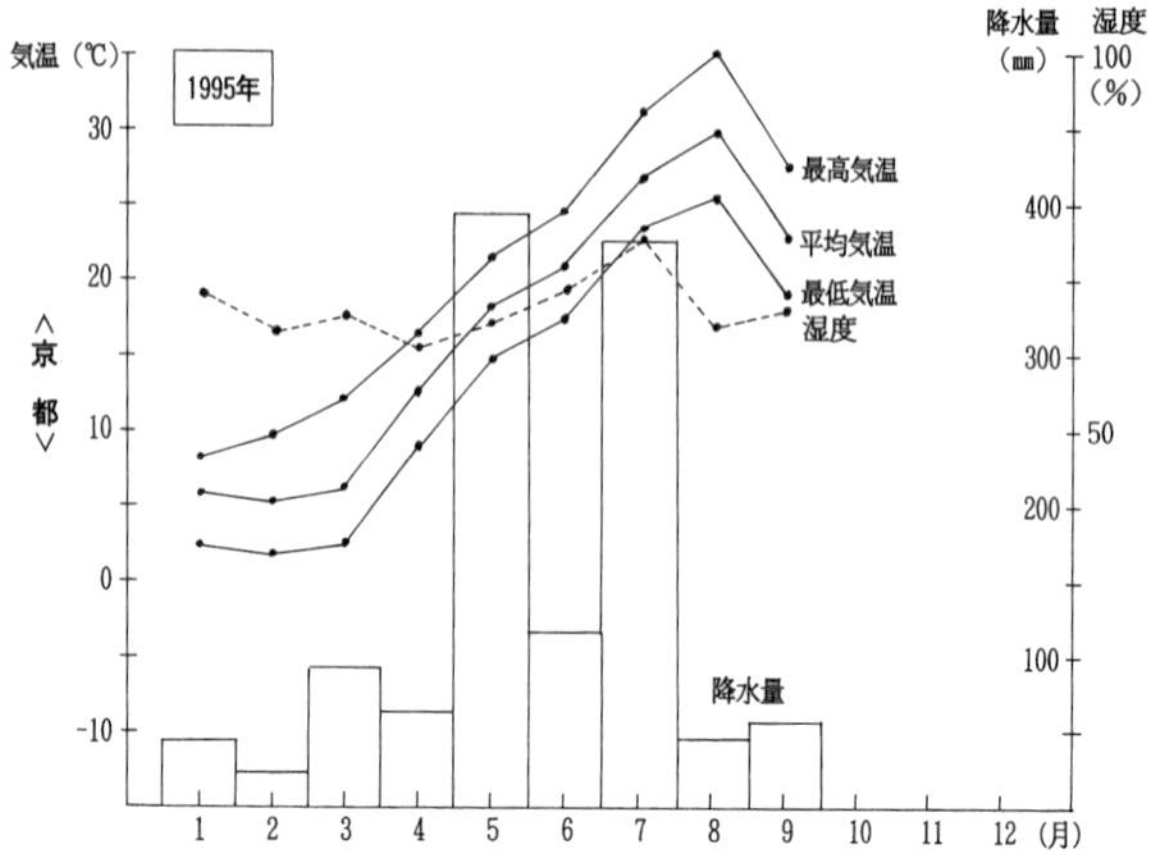

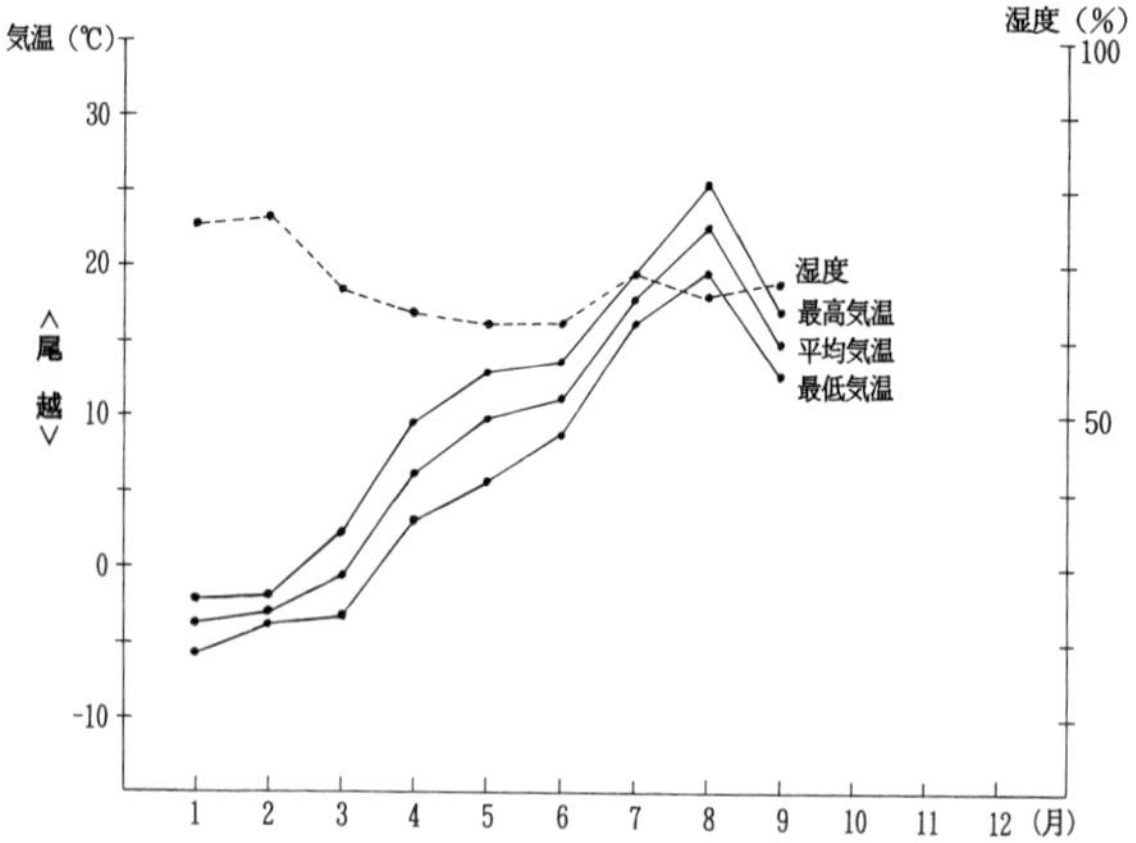

図1　C

【気温変化の特徴】

（１）京女の森の年間の最高気温は、七月から八月に観測され22℃前後である。ただし、一九九四年と一九九五年は猛暑で平年に比べ５℃近く高く、市内と同様の傾向がみられた。

（２）年間最低気温は、一月で氷点下６℃となる。京都市内は零℃以下にはならないのと比較して左京区尾越の冬はかなり厳しい。

（３）京都市内は一年を通じて一日の最高と最低の気温較差が８℃から10℃程度であるのに対して、尾越の気温の日較差は５℃前後しかない。

【湿度変化の特徴】

（１）四月から五月頃が六〇％前後で最も低く、八月前後は七〇％ぐらいである。

（２）一二月から二月にかけての冬期の湿度は七五％前後で最も高い。これは例年、一二月末から三月にかけて一㍍前後の積雪が観測されることと一致する。このような気象の特徴は、観測場所の標高が八〇〇㍍であることを反映している。

ちなみに、周辺で気象観測記録のある八丁平湿原の気象条件をみると、やはり最高気温は27～28℃と七月と八月にみられ、一月から三月上旬の厳冬期の最低気温はマイナス17～マイナス22℃の気温が観測されている。ここでの積雪量は一～一・八㍍である。

このことから京女の森と標高はほぼ同じでも、八丁平はより北に位置することと、窪地であることを反映しており、京女の森よりは夏は5℃ほど気温が高く冬はさらに厳しい寒さであることがわかる。

【ミニガイド4】大見・尾越の今昔

今からわずか四〇年前、大見には大原分校の尾見小・中学校があった。当時、大見と尾越集落のかなりの世帯が炭の生産で生活をしていた。新任の先生は峠を越えて、川沿いの野道をトラックに乗り赴任した奥山の小学校である。生徒たちには地域の自然を生かした教育が行われていた。体育の時間にはみんなで川をせき止めてプールを造ったり、図工では村の周りの材木を使用して、いろいろなものを制作したという。

この尾見中学校教師として、三年間勤務された百武哲郎先生から当時の様子をお聞きした。当時は電気掃除機もなくて、先生個人の掃除機が珍しがられたという、いまでは考えられない時代。何か新しい時代の息吹きを教えようと音楽を思いつかれた。名案だったが、戦後間もない頃である、田舎の分校には楽器を購入する余裕などない時代である。

ところが、当時本校である大原中学校の倉庫に、戦時中に購入された吹奏楽の楽器が眠っていた。これを生徒に与えて吹奏楽の練習を始められた。大変立派な楽器を手にした子どもたちは嬉しくて嬉

大見町全景（右端は尾見分校校舎）写真提供／百武哲郎氏

冬の大見町全景

しくて、毎日遅くまで熱心に練習。ねらいは的中した。そこで、大原本校で演奏会を開き本校の父母や生徒の前で腕前を披露したところ、分校の生徒たちが素晴らしい演奏をしたのでみんなびっくり。分校の生徒は大いに自信を持ったそうである。まるで映画の世界である。熱心な教育で高校進学など露も考えていなかった村人たちにも、少しずつ変化が出てきた。

ちょうどその頃、時代は急速に変化していた。百武先生がこの勤務地を去られて程なく燃料革命が訪れ、村人はここでの生活ができなくなり、とうとう一九七二年（昭和四七年）頃に廃村となったのである。

貧しくとも素晴らしい自然と教師に恵まれて勉強していた子どもたちは、今どのように成長したのであろうか。自然が大切であることを知る時代に再び回帰してほしいものである。

四　京女の森の菌類について

京女の森がある尾越の山林地域は入山者も少ないため、キノコ類の発生環境としては恵まれているようだ。特に荒谷内部は年中湿度が高く、さまざまな菌類の生育に適した森である。荒谷の上部はクリ―ミズナラ群集に属する落葉樹が豊富に生育しているが、入り口から途中までの沢沿いはほとんどが植林されたスギ林である。この杉林は周囲がミズナラなどの落葉樹に囲まれており、キノコ類の発生には最適の自然環境となっている。

ナメラ林道がある荒谷上部は標高が八〇〇メートルを超えてブナが生育している。この森と同様な気候である東北地方ではブナの森が豊富なキノコ類を育てており、ブナと共生する菌根菌だけでなくさまざまなキノコがブナの森では観察できる。

日本の森ではブナとミズナラは混生することが多く、普通ミズナラはブナより標高が低く、名前の由来が示すように谷筋等の空中湿度が高い場所を好む傾向がみられる。ミズナラが生育する場所から少し標高が低いところではカエデ類が目立つ。一方、乾燥した尾根などではアカマツが生え、モミやツガが混ざることが多い。このような場所のクヌギやコナラは薪炭林であり、手入れをしないと林床にササが繁殖する。また、日本海側は世界的にも稀にみる多雪地帯であり、雪が少ない太平洋側とは違う厳しい冬の気候に適応した植物（日本海要素）が生育している。

この状況は京女の森にも当てはまる。すなわち、荒谷内部の湿度が高い沢筋にはミズナラ・カエデ類が生育し、荒谷上部の林道までの南斜面にはイヌブナやクリが生育する。アシウスギの巨樹はナメラ林道の北斜面に群生する。そして乾いた二ノ谷尾根にはアカマツやツツジ科植物等が多い。つまり、狭い山域ながらも変化に富んだ自然環境がこの森には見られる。このような植生、気候や標高差などの影響を反映し、今までに京女の森ではさまざまなキノコが確認されている。

スギが植林された人工林のある荒谷内には、落葉樹林では見られない新・里山菌類が見つかっている。たとえば、スギヒラタケをはじめとして、スギエダタケ、ヒノキオチバタケ、アミスギタケ等がある。また、ニカワホウキタケ、ツノフノリタケ、ツノマタタケ、ニカワハリタケ等の異型担子菌類が見られ、人工林と菌類の関係を知る上で大変興味深い場所だ。このような環境は針葉樹と広葉樹との境界となっている二ノ谷尾根にも見られる。

今までに、この森では一三目四二科一六〇種類のキノコが確認されている(巻末一覧表参照)。

植生を反映してブナ科の樹林に多いキノコ類と、マツやスギのような針葉樹に多いキノコ類の両者が観察されることがわかった。そのうちのいくつかの興味深いキノコについて解説する。

ベニヤマタケ（ヌメリガサ科）　春から夏に発生。笹の多い荒谷内で鮮やかな朱色が目を引く。傘に粘りがなく柄に縦の繊維紋もない点が、ヒイロガサとの違い。オムレツにできる食菌。

ヒノキオチバタケ（キシメジ科）　春〜夏。スギ、ヒノキの小枝、落葉から発生する。初夏の雨が降った後に荒谷の入り口あたりに多い。傘は白色で粉がつき一《セン》前後。柄は二・五〜四《セン》で表面に微粉がつく。

ツノマタタケ（アカキクラゲ科）　春から秋。荒谷の川沿いに出る。鮮やかな黄色が目立つ。針葉樹の枯木、倒木などに群生する。先端が二またに分かれるのが特徴である。軟骨状で弾力がある小さなキノコ。同じ橙黄色だが、先がほうき状のものはニカワホウキタケである。

ロクショウグサレキンと**ロクショウグサレキンモドキ**（ズキンタケ科）　毎年、梅雨の頃に荒谷内の湿地で、相当腐朽した倒木や切り株に発生する。両者とも青緑色の二〜五《ミリ》程度の小さな小皿状のキノコ。青い色のキノコは少ないので、注意すれば比較的目につきやすい。柄が傘の中心につくのが前者で、後者は一方に偏るのが特徴である。

ヒメカンムリタケ（テングノメシガイ科） 梅雨の頃、荒谷内の湿地でスギの枯葉がたまったところに群生。一見すると黄色の小さな宝石をばらまいたように見える。柄は透明から白く、頭部がマツチの頭状で鮮黄色のキノコ。

コサナギタケ（バッカクキン科） 梅雨期から夏にかけ、杉林と雑木林の境がある荒谷内に発生。蛾の蛹に寄生し、落葉上に点在して発生する。一～多数の柄を出し上部に白色の粉状のものがつく。

タマハジキタケ（タマハジキタケ科） 梅雨から秋。径一～二ミリとあまりにも小さいので見つけにくいが枯草や古いワラや朽木に群生する。夏に荒谷で確認している。ちょうど小さなゆで卵が花開いたような形で破裂して胞子を飛び散らす。

アラゲコベニチャワンタケ（ピロネマキン科） 梅雨から秋。湿度の高い川沿いの朽木やそのまわりに群生する。荒谷に多い。皿状の径一〜二チセンまで。表面は平滑、淡紅色から赤色まで変化する。ルーペで見ると周縁にマスカラのような黒褐色の長くて粗い剛毛があるのが特徴。

カワラタケ（タコウキン科）梅雨から秋。マツ、ナラ、スギの倒木や立ち枯れの木に群生する。最も普通の木材腐朽菌。柄はなく肉が薄くて、傘の色は濃青色から黒色と環紋状で美しい。裏は白い。別名雲茸。

ヒイロタケ（タコウキン科）梅雨から秋に発生する。シイ、クヌギなど広葉樹の倒木や枯れ枝に重なって群生する。二ノ谷尾根筋で見られるが、平地にも極めて普通のキノコである。鮮やかな朱色が目立つ。雨ざらしで色があせる。カワラタケのように扇形のかたいキノコで、材を分解する腐朽菌。色が淡い朱色で孔口が大きい、北方系で高山型のシュタケは別種。

ハナオチバタケ（キシメジ科）初夏から秋。荒谷の林内、落ち葉に生える。針葉樹林にも発生する。淡紅色の美しく小さな傘と針金状のかたくて黒い柄が特徴である。傘の色は淡紅色の他に茶色、黄土色と変化が多い。

クヌギタケ（キシメジ科）　初夏から秋。荒谷奥の雑木林に見られる。広葉樹の切り株、生木、倒木などに束生または群生する。傘は釣鐘状からやや平らに開く。径は二～五センチで表面は灰褐色で条線がある。ヒダは白色、またはうすいピンク色を帯びる。

ウラベニガサ（ウラベニガサ科）　初夏～初冬。広葉樹の朽木に発生。径は二～六センチでまんじゅう型から平らに開く。表面は灰褐色で周辺に条線あり。裏のヒダが白色からピンク色となるのが名前の由来。シイタケの古くなったホダ木に多数発生する。季節感を味わう食菌。

カメムシタケ（バッカクキン科）　夏から秋に多い。二ノ谷の杉林内で地中に埋もれていた。地中を掘るとチャバネサシカメムシ等のカメムシ類に寄生しているのがわかる。黒い柄の先についたオレンジ色の紡錘形が目につく。別名ミミカキタケ。

キイボカサタケ（イッポンシメジタケ科）　夏から秋。荒谷や二ノ谷尾根のスギ、ヒノキ林に点在して発生する。全体が鮮やかな黄色。傘の頂点が鉛筆の芯状に立つのが特徴である。赤い色のアカイボカサタケ、白い色のシロイボカサタケがあり荒谷内に発生する。いずれも見た目には大変美しいが、有毒菌である。イッポンシメジの仲間には有毒なものが多いので要注意。

同属のナスコンイッポンシメジは雑木林で、ヒメコンイロイッポンシメジ、ミイノモミウラモドキは二ノ谷尾根で見られる。いずれも夏から秋に発生する（写真60頁）。

キツネタケ（キシメジ科）　夏から秋。二ノ谷尾根筋に出る。傘の中央が少しへこみ肉桂《にっけい》色で、条線がある。傘も柄も同じく狐を連想させる淡い黄褐色。ピクルスによく合う食菌。

イタチタケ（ヒトヨタケ科）　夏から秋。コナラやクヌギの朽木や切り株近くの地上に発生。荒谷や二ノ谷屋根にも発生。傘の径は三～七㌢で、縁に白色の膜がつく。傘の色がイタチの毛のように淡く黄褐色。柄は白色中空でもろく、すぐバラバラとなる。バター炒めで味わう食菌。

チシオタケ（キシメジ科）　夏から秋。広葉樹の朽木上に群生または束生する。荒谷奥の雑木林に多い。傘は径が一～二㌢で鐘形、縁が鋸歯状。傘の表面は柄と同じく淡いピンク色で細かい条線あり。名前の由来は、傷つけると血のような汁が出ることから。傘がオリーブ色で傷つけると橙色の汁が出るのがアカチシオタケ。ブナなどの広葉樹の倒木や落葉上に発生する。

コチャダイゴケ（チャダイゴケ科）　夏から秋。荒谷や二ノ谷のスギの枯枝や落葉に単生または群生する。径が五ミリのコップ状の形をしている。色は薄い茶色。この中に小さな褐色の碁石の形をしたものが入っている。雨滴がコップに落ちるとその力で周囲に飛散する。自然の力を利用した小さいながら実に賢い散布法を採用しているキノコである。

スギヒラタケ（キシメジ科）　夏から秋に湿度の高い場所でスギの切り株や倒木上に群生する。荒谷のスギの古い切り株によく発生。柄はなく白色の小さい扇形の傘をもつ。暗い杉林では鮮やかに目立つ。味には癖がなく口当たりがよい。煮込み料理によく合う美味な食用菌。

カワリハツ（ベニタケ科）　夏から秋。ブナ科やカバノキ科の樹下に発生する。二ノ谷尾根沿いに見られる。傘の径六〜一〇センチもあり、青、紫、オリーブ、淡紅色あり、色の変化に富むのでこの名がある。柄は白色で、肉はしまって弾力がある。舌ざわりがよく汁物でこくが出る。バター炒めにもよい優れた食菌。

エゴノキタケ（タコウキン科）　日本特産種。夏から秋。エゴノキの枯れ枝、倒木に発生する。荒谷奥や林道近くで見られる。傘は貝殻状で重生する。傘の下面が幅広のひだ状となり垂れ下がるのが特徴である。白色腐朽菌である。

ヒメキシメジ（キシメジ科）　夏から秋。スギ、ヒノキ林内の切株、倒木に散生または群生する。秋の尾越山林には多い。径は一〜二センチ、傘も柄も同じ黄褐色をした地味なキノコ。

ヒナノヒガサ（キシメジ科）　夏から秋。傘が五〜八ミリの小さな可愛いキノコ。荒谷の湿地内、ミズゴケやスギゴケなど緑色の中に橙黄色の傘が鮮やかに目立つ。傘の中央が少しへこんで色が濃い。ここでは春でも見られる。鄙《ひな》の日傘という名前の通りの姿をしたキノコである。

チャツムタケ（フウセンタケ科）　夏から秋。荒谷のスギの朽ちた切株や倒木に群生したり束生する。傘は黄褐色で径は二〜四センチ。柄は中空で細い。一見すると食べられそうだが、傘を噛むと苦く食べられない。ヒダは初め黄色でのちさび褐色になる。

シロヒメホウライタケ（キシメジ科）　スギの落葉や枯れた草の茎などに発生する。名前のように白くて小さな柄と傘をもつ。傘は径五ミリぐらい、肉が薄く条線がある。荒谷内の落葉につく。本種よりやや大きいのがシロホウライタケ。

クリタケ（モエギタケ科）　いろいろな料理に合う食菌。秋に発生。ブナなどの広葉樹の枯幹、倒木、切り株に多数束生、群生する。傘は三～八センチでクリのような黄褐色から明るい赤褐色。始めはまんじゅう形、のちにほぼ平らに開く。柄は中空赤褐色で繊維状。

ニガクリタケ（モエギタケ科）　有毒菌。一年中発生する、死亡例もある有毒キノコ。広葉樹・針葉樹の朽木、切り株に群生する。湿地で群生することがある。一見すると、群生して食用にみえるので注意すること。傘は二～五センチでまんじゅう形からほぼ平らに開く。硫黄《いおう》色から黄褐色で中央部が濃色。柄は傘と同色。ひだを少し噛むと苦いのですぐわかる。同じ傘の色をしているが、苦みがないのがニガクリタケモドキ。荒谷ではこれと食菌であるクリタケが発生する。

次の二種は京女の森で確認された特筆に値する珍しいキノコであり、詳しく記述する。

(1) ルツボチャダイゴケ　*Nidula candida* (Peck) White（チャダイゴケ科）

吉見昭一氏が一九九五年七月三一日、尾越スギ林地、落枝上に巨大なコチャダイゴケに似た*Nidula* 属を発見された。形が異なるので調査され、日本新産種で、ルツボチャダイゴケと命名されたキノコ（61頁写真参照）。

外形はルツボ型、白色剛毛が表皮を包み高さ一〇ミリで口径八ミリ。小塊粒は径一ミリで明褐色。

小塊粒表皮は先端分岐の菌糸、未成熟子実体の上部の菌糸は荊《いばら》状菌糸で径二～七センチ、胞子は八～九×三・五～四・五マイクロメートル（一マイクロメートルは千分の一ミリ）。

本菌は一八九三年、Peckが新種として発表、一九〇二年にWhiteは属の変更をしたもの。いずれも、表皮に白色、純白、光沢のあるのが特徴である。対比されるコチャダイゴケとは、大きさが異なり、子実体は高さ四～六ミリ、剛毛には黄色がかっており、小塊粒が径一ミリ以下で〇・五～〇・八ミリが多い。小寺祐三氏と吉見昭氏のお二人が一九九九年一〇月一〇日に再び京女の森で採集確認された。

(2) アミメニセショウロ *Scleroderma dictyosprum* Pat.（ニセショウロ科）（写真93頁）

子実体は球形から扁平な球形。基部に根状菌糸束が分岐する。径一～三センチの小型菌。表皮は淡黄色から黄褐色、表面に細かい鱗片状のささくれがある。殻皮の厚さは生時で一ミリと薄く、成熟すると紙質となる。熟後頂部に小孔を開き、不規則に大きく破れていき、胞子を飛散し、ついには殻皮は剥落し盤状の子実体となって残る。基本体は白色から紫灰色から暗褐色の粉末となる。

胞子は球形で、内径は一〇～一三マイクロメートル、楕円形、内径一〇～一一×一三マイクロメートル。表面に顕著な網目状隆起があり、網目は高さ一～二マイクロメートル、接合点は高さ一・五～三マイクロ《メートル》。残存の菌糸は無色、径四〜五マイクロ《メートル》、分岐し隔膜は少なく、クランプがある。

夏、山間の雑木林に発生する。鳥取大山ではミズナラ林地上、京女の森では広葉樹切り株。また、採集地は二ノ谷尾根筋で二〇〇一年一一月一一日に学生の波多野有香さんと小寺祐三氏が採集された。

ニセショウロと同じ網目状隆起の胞子であるが、生時、表皮が異なり、ニセショウロが厚く、コニセショウロ（*Scleroderma reae*）、ショウロダマシ（*S. verrucosum*）、タマネギモドキ（*S. cepa*）と表皮が似るが、胞子の形・刻紋で異なるので区別できる。

本菌の胞子の表面が特に顕著な網目をつくる胞子（径七・二〜一五・二マイクロ《メートル》は網目を含むGunzman測定値）であることから、種名と同じ網目状胞子を和名とした。

（以上の記載は吉見昭一氏の報告から引用。また、巻末に一覧表を掲載した）

五　京女の森の植物について

京女の森がある北山一帯は、かつては薪炭林として利用されていた。しかし、昭和三〇年代の燃料革命に伴い薪炭の需要が激減すると、人々は村を去り里山が残された。そうして長年にわたって放置されたため、京女の森は荒谷内の沢筋の適湿地につくられたスギの植林地を除くと極めて良質の自然林へと更新している。このことは峰床山への登山道である二ノ谷尾根筋に立てば一目瞭然である。スギとヒノキの人工林で被い尽くされた周辺の山林とは際立った京女の森の自然林の美しさを堪能することができる。

伐採圧の比較的小さかった自然度の高い山域が、荒谷西俣には残存している。この西俣の沢はチマキザサに被われ道はないため、水を好むカエデやミズナラが大きく育っている。また、上部のナメラ尾根林道周辺には樹齢千年を超えるアシウスギやブナを始めとした原生林状態の林が残っている。したがって、京女の森は狭い山域でありながら北山・丹波山地の原植生と人為的干渉による変遷過程を知る上で大変貴重な森であることがわかる。

京女の森の下部は標高約六四〇<ruby>メートル</ruby>で上部は約八三〇<ruby>メートル</ruby>に達するため、垂直分布は低地帯の上限から山地帯に相当し、暖温帯系から冷温帯系の植物が生育している。また、ここは京都市の最北部に位置するため、冬期の最深積雪は一メートルを越え気候的には日本海型である。そのため、「日本海要素」の植物が見られる。

1　荒谷上部のナメラ尾根林道の極相林

荒谷上部のナメラ尾根林道の極相林としてアシウスギ―イヌブナ群集が見られる。天然の伏状台杉であるアシウスギの巨木が、荒谷上部の稜線付近に数十本生育している。幹の周囲が七メートルを越すものもあり、推定樹齢は千年を越える。なかには、樹皮が剥げ落ちて幹が白骨化したものも見られる。荒谷上部のナメラ尾根の北側斜面には株立ちとなったものや、顕著な伏状枝をもつものが見られる。北山地域の厳しい気候に耐えたアシウスギの姿は、同じ樹高で育つ人工林のスギとはまったく趣が異なり素晴らしい景観を呈している。

このアシウスギは、表日本のスギ（オモテスギ）と区別され、その変種として京都大学芦生演習林のものをタイプとして名づけられた。東北から山陰にかけての日本海側山地の多雪地に自然分布している。林業家はオモテスギを赤杉、アシウスギを白杉と呼び、赤杉は生長が早いために好んで植林されてきた。オモテスギは全国各地の植林地に見られ、同じ高さに揃えられた人工林の杉林を全国に作り出している。

京女の森と同様なアシウスギ―イヌブナ群集(注)が見られる森は、この森の真西に位置する片波川源流山域にも見つかった。ここにはヒメコマツ―ホンシャクナゲ群落(注)をはじめとして、他の地域には例を見ない第一級の保全・保護の対象となるべき貴重な自然が、一九九三年に行われた「京都府植物分布図集刊行委員会」の調査で初めて明らかになった。

さらに、ここから北一・五キロほどにある花脊の井ノ口山（標高七七九メートル）に続く尾根にも、幹周りが一八メートルもある伏状台杉（アシウスギ）十数本が生育していることが「北山の自然と文化を守る会」により発見された。

これら樹齢千年を超える日本有数の巨木の群生地は、いずれも丹波広域基幹林道の建設に反対する調査活動により初めて明らかとなった貴重な京都北山の自然である。したがって、これらの群生地は厳重に保護・保全されるべきである。

北山・丹波山地では、ブナはイヌブナより高所に分布し、笹はチシマザサでなくチマキザサが圧倒的に多い。前述の調査などからもアシウスギ、イヌブナ、チマキザサの結びつきは強くかなりの広がりをもっていることがわかる。

荒谷上部の稜線付近のアシウスギ―イヌブナ群集は片波川源流や井ノ口山尾根に見られる群集と同様に、京都北山を代表する原植生として大切に保全と保護をするべきであることは言うまでもない。

（注）群落とは、ある土地に生育する植物の集団で、何らかの規準（相観、種類、組成など）で他と区別される一つの単位をいう。群集とは、その群落内で特徴的な優占種により分類されたもの。

2　荒谷に見られる二次林

本州の東北地方から中国地方にかけての山地帯（ブナ帯）の二次林群集として、クリ―ミズナラ群集がある。この群集が由来する原植生は多様であり、伐採圧の程度によっても少しずつ様相が異なってくる。

京女の森の荒谷一帯に広がる二次林は、原植生のアシウスギ―イヌブナ群集がさまざまな程度に伐採されて成立したクリ―ミズナラ群集である。荒谷のクリ―ミズナラ群集は低木層にチマキザサが圧倒的な被度で優占する。そのため、草本層の出現種が極めて少なく、日本の自然の森の植生の特徴を示している。つる植物のイワガラミやツルアジサイが高木に絡みつき、かなりの太さの藤蔓が杉を締め上げて枯らしているのが見られ、長年にわたって放置された二次林の様相を呈している。

荒谷入り口から中程までは沢筋に沿って杉の植林が見られるが、左右に沢が分かれる手前当たりからは自然の樹木であるミズナラやカエデのような水を好む樹木が大きく生育しているのが目につく。このような二次林とか雑木林と呼ばれる夏緑樹林は、冬の間は落葉し林床は陽が当たり、春から夏にかけて新葉を展開しても比較的明るい林床を作り出す森である。シイやカシの多い常緑の樹林が広がる京都市内からここに来ると、東北の山々の雰囲気が楽しめる。特に春から夏の新緑の季節や、秋の紅葉が素晴らしい。いうまでもなく、クリやミズナラはたくさんの堅果やドングリを生産して、野生動物の食糧を供給するので、荒谷の奥は猪や鹿などの野生動物の生活圏となっている。

3　二ノ谷尾根の樹木と草本

現在の二ノ谷尾根は、尾根筋の東側は京都市の所有林で、単調で階層構造の発達しないスギ・ヒノキの人工林である。これと対照的に、尾根筋の西側は京都女子学園所有の京女の森であり季節感溢れる自然林となっている。

ここに見られる落葉広葉樹としては、クリ、ミズナラ、リョウブ、ホオノキ、コハウチワカエデ、ウリハダカエデ、コミネカエデ、ソヨゴ、ウシカバ、タンナサワフタギ、タムシバ、ケカマツカ、ウラジロノキ、アセビ、ウスギヨウラク、ベニドウダン、ケアクシバ、ネジキ、ヒカゲツツジ、ミヤマシグレ、オトコヨウゾメ、コアジサイ、ヤマウルシ、クロモジ、ノリウツギ、マルバマンサク、ヒメモチ、ツルシキミ、コシアブラ、マルバアオダモ、イヌツゲなどがある。

常緑針葉樹としては、天然のモミ、アカマツ、ヒノキ、ツガなどかなり大きなものが残っている。とりわけ、二ノ谷尾根の杭番号３１５に生育するアカマツはかなりの大木で「尾越の女王」と呼ばれ親しまれている。ナメラ林道の稜線からも遠望される姿形の見事なアカマツの巨樹である。また、このあたりのクリやミズナラの樹には、しばしばヤドリギが着生しているのが見られる。二ノ谷尾根には、陽当たりがよく貧栄養の土壌のためツツジ科木本が多く生育している。

林床には、腐生植物のギンリョウソウやツルリンドウ、イワナシ（矮生小低木）、イワウチワ、オオイワカガミなどの他にシダ植物としてシノブカグマ、ヒカゲノカズラ、シシガシラ、クラマゴケなどが見られる。

４　日本海要素植物について

日本海側の多雪地に主な生育地をもつ植物は「日本海要素」と呼ばれるが、京女の森で見られるものには次のものがあげられる。

木本としては、アシウスギ、タムシバ、ヒメモチ、ハイイヌガヤ、ムラサキマユミ、タニウツギ、イワナシ（近畿では紀伊半島まで南下）、カラスシキミ等がある。

草本としては、オオケタネツケバナ、デワノタツナミソウ、クロバナヒキオコシ、サンインヒキオコシ、ホソバカンスゲ、オオカニコウモリ、アシウテンナンショウ、ボタンネコノメソ

オオナルコユリ

ウ、キンシベボタンネコノメソウ、モミジチャルメルソウ、サンインクワガタ、クルマバハグマ、オオタチツボスミレ、スミレサイシン、キタヤマブシ等がある。

5　京女の森の興味深い植物たち

ブナとイヌブナ　丹波・北山地域では標高の低い場所にイヌブナが、高い所にブナが分布している。ここ京女の森では、下部から上部にかけて連続的にイヌブナが分布している。また、荒谷西俣の最上部には遺存的にブナが生育しているので、両者を比較観察することができる。

イヌブナの幹はブナに比べやや黒っぽく、葉は側脈が多く、葉の下側には絹毛が多く目立つ。イヌブナの果実の柄はブナに比べて明らかに長いのが特徴となる（36〜37頁の図参照）。ナメラ林道沿いにも何本かのイヌブナの木があり、歩きながら観察できる。

オオナルコユリ　*Polygonatum macranthum*(Maxim.)Koide.　浅い山域には分布しないが、百井、大見、尾越で普通に見られる。オオナルコユリはナルコユリと違い、一・五㍍にもなり大型の植物で葉や地下茎が多数できる見事な植物である。ナルコユリとの違いは、オオナルコユリの葉にはナルコユリに見られる上面中央の白っぽい斑状の筋がなく、葉の下面小脈上の小突起もない。

ヒメザゼンソウ　*Symplocarpus nipponicus* Makino（写真48頁）　荒谷と大見の渓流沿いの湿地に生育している。真っ白なザゼンソウと比べて、仏炎苞は極めて小さくチョコレート色の可愛い花をつける。ザゼンソウは春先に葉を展開する前に花をつけるが、ヒメザゼンソウは初夏に葉が大きくなってから開花する。果実は一年かがりで熟し、柄付きタワシ状の実となる。また、ザゼンソウは悪臭がすることで有名だが、ヒメザゼンソウにはない。和名は、花の大きさがザゼンソウにくらべて小さいことによる。

　北海道と日本海側の内陸部と一部関東にも分布する。葉が展開すると一見ウバユリのように見えて間違いやすいので、採集して食べたりしないこと。

シンシロコタチツボスミレ　*Viola grypoceras* A. Gray *var.* *exilis*（Miq）Nakai forma *takakuwana*

Yonezawa (form. nov) 以前は、二ノ谷管理舎のゲート前へ続く林道沿いには春になるとたくさんのスミレが咲いていた。残念なことに、今は林道が舗装されて見られなくなったが、ニョイスミレ、コタチツボスミレ等が見られた。このシンシロコタチツボスミレはコタチツボスミレの花芯が白色（範型は黄橙色）で米澤信道氏が発見された新しい品種である。

エンビタチツボスミレ（写真31頁） *Viola grypoceras* A. Gray *var. furcata* Yonezawa (var. nov) このすみれはタチツボスミレの花の距の先端が小さく二股に分かれており、燕尾（えんび）という名前は米澤信道氏による命名。京女の森に分布する新しい変種のスミレ。

アオジクノアザミ *Cirsium japonicum* DC. forme glabrum Yonezawa (form. nov.) 新しい品種として、米澤信道氏が見つけられたノアザミ。普通のノアザミの花茎には密に白毛が生えるが、これにはないことにより命名された。

シロミノアカモノ *Ganltheria adenothrix* (Miq.) Maxim. forma leucoearpa Yonezawa (form. nov.) アカモノの果実は、赤く熟するのが普通だが本品の果実は熟しても白色である。萼や花柄もアカモノのように赤褐色とならず、緑白色をしているのが特徴。実は、この植物は最近林道の舗装工事により生育地が被害を受けそうになったが、被害を防ぐ目的で工事が行われる直前に同様な環境条件の別の場所に一部移植した。幸いなことに今のところうまく育っている。しかし、本来の生育場所は道路が舗装されて環境が変わったので、今後絶滅する危険があり、今後とも厳重に保護管理すべきである。これも尾越の山林調査で米澤信道氏が発見された新品種である。

　このように尾越周辺の北山地域は、八丁平を除き今までほとんど環境調査が行われて来なかったため、京女の森についての五年間の調査でいくつかの新しい植物が見つかった。京女の森は大変狭い地域でありながら、いくつかの知られざる植物が分布していたことは、調査に関わったものとして驚くばかりである。京都の北山にはまだまだ知られていない植物があるようだ。

　言い換えれば、今まで登山の対象としての北山は広く知られていたものの、北山の持っている自然の豊かさを示す、生物の多様性についてはほとんど知られていないということである。したがって、今後はこの地域の総合的な環境調査が必要であると思われる。

　これからの二一世紀の環境教育の基礎データを得るため、京都北山地域に見られる植物や動物などの生物相を明らかにして、その調査報告に基づいて正しく北山の生態系を保護・保全する必要がある。そうすることで、日本の古都京都には歴史的遺産だけではなく、日本の素晴らしい自然環境も保存されていることが明らかになるであろう。

六　尾越周辺の動物について

1　両生類・爬虫類・魚類について

この地域の両生類としては、ヒダサンショウウオの他にアマガエル、タゴガエル、ヤマアカガエル、ツチガエル、モリアオガエル、カジカガエルが生息する。

まず、サンショウウオの仲間では、ヒダサンショウウオの成体と卵を八丁平のクラガリ谷で故小島一介氏が確認している。京都市の二ノ谷管理舎周辺の水路では成体が採集されており、荒谷内部にも生息している。ヒダサンショウウオは八丁平を含めてこの地域としては初めての発見であり、この地域は今後とも厳重に保護する必要がある。

ハコネサンショウウオは比良山系の西斜面で多数確認されているが、尾越周辺では未確認である。また、オオサンショウウオは、京都府下や市内では多く観察されているが、本地域での分布の可能性は少ない。

イモリは尾越周辺の湿地や水辺ではごく普通に見られる。特に、林道沿いのコンクリート製の排水マスには、春先に産卵された蛙の卵が孵化《ふか》してオタマジャクシで真っ黒になっているのがよく見られるが、そこには必ずといってよいほどイモリがいるのに気づく。ヒキガエルやモリアオガエルの産卵場所である水溜まりには、毎年必ずイモリの姿が見られオタマジャクシを餌としていた。

ヒキガエルは四月末に雨が降った後、よく道路上でも観察できる。一九九三年の四月二四日の夜、約五〇〇匹近いヒキガエルが集団で産卵している場面を観察する機会があった。貴重なヒキガエルの生態を、学生たちと一緒に夜中の九時過ぎまで観察することができたのも、故小島一介氏の鋭い観察眼のおかげである。この場所は毎年ヒキガエルの産卵場所であったが、道路整備のため小石で埋められてしまい貴重な産卵場所は消失してしまった。

アマガエルはごく普通に見られる。アカガエルの仲間であるタゴガエルは荒谷の沢沿いにすみ、地中より独特の鳴き声を春から夏にかけて出している。京都北山でごく最近、二つのタイプのタゴガエルが菅原隆博氏により発見された。

ヤマアカガエルも荒谷内部で幼体と成体がよく見られる。二月のまだ雪が残っている頃に、百井あたりの水田には大量の卵塊が産み落とされているのが観察される。カエルの仲間では一番早く産卵する蛙である。カジカガエルはその美しい声と姿でよく知られているが、荒谷の沢沿いにすむ個体数は多くない。

アオガエルの仲間では、モリアオガエルが二ノ谷管理舎付近の山からのわき水が流れ込む小さな水溜まりの周りの岩に白い卵塊を産み付けていた。ところが、道路整備にともないこの小さな水溜まりは無くなり、モリアオガエルの産卵は見られなくなった。また、毎年四月末にヒキガエルが産卵していた水溜まりは、五月にはモリアオガエルの産卵場所でもあった。前に述べたように、この場所も埋め立てられてしまい、杉の小枝についていたモリアオガエルのたくさんの白い卵塊はもう見られない。森の蛙であるモリアオガエルは新しい水溜まりを探しているに違いない。

爬虫類は、ヤモリ、トカゲ、カナヘビのほかに、ヘビの仲間としてタカチホヘビ、シマヘビ、ジムグリ、シロマダラ、ヤマカガシ、マムシが確認されている。

タカチホヘビは大変珍しいヘビだが、荒谷で成体が採集されている。シマヘビもやはり荒谷で成体が捕獲されている。

ジムグリは幼体の模様は橙色に黒い縞模様があり、美しいヘビであるが、ナメラ林道上で採集された。シロマダラは車にひかれた死体をナメラ林道上で発見したので、ジムグリと同様にこの地域に生息するものと考えられる。

ヤマカガシとマムシは二ノ谷尾根道で時々出会うことがある。特に秋口にはマムシは陽当たりのよい場所でとぐろを巻いていることがあるので注意する必要がある。

アオダイショウは今のところ京女の森では確認されていないが、尾越集落には人家があるので生息している可能性が高い。

魚類はアブラハヤ、ニッコウイワナ、アマゴ、カジカが尾越周辺の渓流に生息する。

以上、両生類ではサンショウウオ一種、イモリ一種、カエル七種の計九種類が、爬虫類ではトカゲ三種、ヘビ六種の計九種類、魚類は四種類が尾越地域に生息する（巻末一覧表参照）。特に、ヘビについてはアオダイショウやシマヘビ、マムシ、ヤマカガシはごく普通に見られるが、この山林で採集されたタカチホヘビ、シロマダラは比較的個体数が少ないヘビである。これらは飼育が困難で大変珍しく、人目に触れることが少ない希少な種類である。

京女の森の自然環境はこれら両生類や爬虫類の生息にとってもかなり良好な状態に保たれているといえる。つまり、ヘビの餌となるネズミ類が豊富に分布している森でもある。

2　野鳥について

尾越集落から八丁平に至る林道沿いは、野鳥観察がしやすいルートである。尾越の集落付近は、ススキの茅場《かやば》が多く冬期には野鳥の採餌場となっている。また、二ノ谷林道沿いには杉や檜の植林地が大部分を占め、渓流に沿った造林地は樹高が高いので、オオルリ等の繁殖地となっている。林道脇の開けた所は雑草が繁茂して、ホオジロ等が多く生息し冬期は冬鳥の採餌場にもなっている。ただし、ナメラ林道沿いは植林地のため鳥相は貧弱である。

八丁平は、関西では珍しい高層湿原のため、湿原内部の笹原はウグイスの繁殖地として有名であり、周辺は夏鳥の絶好の繁殖地となっている。ここで一九七九年から一九八三年までの五年間に行われた京都市の調査によれば、八丁平周辺では七七種類の野鳥が生息することが報告されている。

一九九〇年六月から一九九二年一二月まで三年間の八木昭氏の調査では、尾越山林およびその周辺地域には七五種類の野鳥が確認できた。したがって、ほぼ同じ標高に位置する尾越と八丁平では、日本で記録された五二五種類の野鳥の約一五％程の野鳥が観察できることになる。

観察された野鳥のリストを見ると、全体の七割強の五六種類が両地域に共通してみられたが、尾越だけで記録された野鳥としては、ハイタカ・ノスリ・イヌワシ・ハヤブサ・イワツバメ・カヤクグリ・エゾムシクイ・ムギマキ・アオジ・クロジ・カワラヒワ・マヒワ・ハギマシコ・オオマシコ・ベニマシコ・シメ・ムクドリの一七種である。

一方、八丁平だけで記録されている野鳥としては、ホシガラス・カワラヒワ・コサメビタキ・センダイムシクイ・キクイタダキ・マミジロ・オオコノハズク・アマツバメ・ヤマセミ・アカショウビン・サシバ・コジュケイ・キジの一六種があげられる。

ただし、いずれの調査結果も十分とはいえず今後も継続して観察することで両地域の差は少なくなるとともに、確認できる種類は増えると考えられる。この八丁平で野鳥の写真撮影を十数年もされている宇治市の加藤忠夫氏によれば、七八種類程の鳥が観察できるということである。近年、全国的な傾向として夏鳥の数が減少しているらしく、東南アジアの環境破壊が原因ではないかとの説も出ているが、ここ八丁平でもやはり減少傾向にあるとのことである。

繁殖の確認ができたのは、荒谷内部に巣箱を取り付けて確認できたシジュウカラとヤマガラをはじめ、管理舎近くで巣作りをしていたキセキレイ・ミソサザイ等を含めて少なくとも一五種類以上である。また、調査期間中には記録されないが、フクロウ類の巣箱なども設置すれば荒谷地域では朽木等の大木が少ないので営巣する可能性がある。

夏期よく観察できる種類としては、キジバト・ホトトギス・ヨタカ・アオゲラ・コゲラ・キセキレイ・ヒヨドリ・ミソサザイ・トラツグミ・ウグイス・オオルリ・エナガ・ヒガラ・ヤマガラ・シジュウカラ・メジロ・ホオジロ・イカル・カケス・ハシブトガラス等があげられる。

尾越山林地域で記録されたリストを見ると、春に五三種類、夏に一五二種類、秋に一一一種類、冬に一九種類であるが、調査回数で割るとそれぞれ春二六種、夏二二種、秋二八種、冬一九種となる。春と秋が二六種類以上と最も多く、夏と冬でも二〇種前後が記録されていることがわかる（二三一〜二三二頁参照）。

八丁平を除けば、このあたりの山林は大部分が杉と檜が植林されているので、落葉広葉樹が大部分を占める京女の森は貴重な地域である。その違いは、秋の紅葉の時期にここを訪れると一目瞭然である。また、野鳥にとってこの地域は渡りのコースにもなっているので、今後さらに調査すれば観察できる種類はさらに増えることが期待される。

荒谷内部は大部分がチマキザサに被われているが、沢沿いの樹木に秋の内に巣箱を取り付けたところ、半数ぐらいにシジュウカラとヤマガラが巣作りをした。野鳥の子育てなどの生態観察には五月連休前後が適している。もちろん、野鳥を驚かさないで静かに観察する必要があることは言うまでもない。

巻末に「京女の森およびその周辺地域で観察できる野鳥リスト」を掲載したので参照されたい。

3　哺乳類について

近畿地方には、表1に示したようにコウモリを除くと六目三五種類の哺乳類が分布する。このなかで、尾越山林地域ではその四〇%にあたる一五種類の哺乳類の生息が確認された。

まず、モグラの仲間であるヒミズは荒谷内で生け捕り罠で捕獲されている。また、荒谷近くの車道上と二ノ谷管理舎近くの杉林中でも死体が見つかっているので、京女の森に生息することは確実である。ジネズミとカワネズミについては分布の可能性があるものの、今のところ未確認である。モグラ属のコウベモグラ・アズマモグラ・ミズラモグラのいずれかが生息していると思われるが、今のところ捕獲されたり死体は発見されていない。

ノウサギは夜間活動性のため、日中に姿を見ることが少ないが、荒谷内の大木の根元などに糞があり、ナメラ林道上の雪上にもフットプリントが見られることから、京女の森に生息すると思われる。

表1
近畿地方に分布する野生哺乳類動物リスト

尾越地域で棲息が確認された哺乳類
◎：確認された種類
○：分布の可能性が高い種類
△：分布可能な種類
×：分布しないと思われる種類

モグラ目	モグラ科	◎ヒミズ
		○ジネズミ
		○カワネズミ
		△ヒメヒミズ
		○ミズラモグラ
		○アズマモグラ
		○コウベモグラ
		×トガリネズミ
ネズミ目	リス科	◎ニホンリス
		×タイワンリス
	ヤマネ科	◎ヤマネ
		○ニホンムササビ
		△ニホンモモンガ
	ネズミ科	◎アカネズミ
		◎ヒメネズミ
		◎スミスネズミ
		◎ドブネズミ
		○ハタネズミ
		○カヤネズミ
		○ハツカネズミ
		△クマネズミ
		×ヤチネズミ
		×ヌートリア
ウサギ目		◎ニホンノウサギ
ウシ目	シカ科	◎ニホンジカ
		○ニホンカモシカ
	イノシシ科	◎ユーラシアイノシシ
ネコ目	イタチ科	◎ニホンイタチ
		◎ニホンテン
		△シベリアイタチ
	イヌ科	◎タヌキ
		◎アカギツネ
	クマ科	◎ツキノワグマ
		○ユーラシアアナグマ
サル目		○ニホンザル

リスの仲間は、荒谷の林内で見つかったクリの実の食痕や、二ノ谷尾根でよく落ちている松毬の食痕からニホンリスが生息すると思われる。樹の上にいるものを目にする機会は少ないが、注意していれば観察することができるかもしれない。

ヤマネは一九九〇年の冬に二ノ谷管理舎内で冬眠中の個体が発見された。また、一九九五年には、百井にある思古淵《しこぶち》神社で保護されている。モモンガは確認されていない。

アカネズミとヒメネズミは、本州における代表的な森林性の野ネズミである。アカネズミは低山域、ヒメネズミは高山域と標高によりすみわけをする傾向が知られているが、実際にはかなり多くの地域で混生している。

野ネズミは京女の森の荒谷内部に多く生息する。ここでもアカネズミがやや優勢でヒメネズミと混生していることは、捕獲個体数の調査結果からもわかる。森のネズミは夜行性のため、薩摩揚げなどを餌として生け捕り罠のシャーマントラップを仕掛けると、比較的効率よく捕獲できる。夕方仕掛けた罠を翌朝に調べると、アカネズミやヒメネズミのかわいい姿を間近で観察できる。ただし、この両者とも小さいながらジャンプ力はすごく一メートル《メートル》以上は飛び上がるので、観察する場合には逃げられないように注意する必要がある。ヒメネズミは樹上に設けた鳥の巣箱に営巣することが多い。

スミスネズミ（写真85頁）は日本固有種で比較的珍しくて数は少ないようだが、今までに荒谷内で二頭が捕獲されている。このネズミはアカネズミやヒメネズミのようにすばしっこくはないので、驚かさなければ手のひらに載せることもできる。ドブネズミは一度だけ釣り堀のそばで捕獲されたが、人家に住みついている可能性がある。

捕獲したアカネズミとヒメネズミは四～五齢のものが大部分であったことから、繁殖する季節は夏期に集中する一山型のタイプではないかと推定される。

いずれにせよ、ネズミの分布と生息状況からも、京女の森が本州の夏緑樹林の典型であることがわかる。この豊富なネズミたちが爬虫類や他の肉食哺乳類の餌となっていることは間違いない。

ニホンジカの糞は、荒谷の東俣の林内でよく発見され、湿地には足跡が残っていることが多い。シカの足跡はナメラ林道上にも見られること、餌となるササや落葉樹が荒谷の斜面には多いこと等からも、目撃されたことはないものの、この森に生息することは確実である。同じくウシ目シカ科のニホンカモシカの存在は現在のところ未確認である。

イノシシについては、よく荒谷内部の湿地にヌタ場と呼ばれる猪の「エステ場」が見られることや、あちこちに土を掘り返して餌を探したと見られる跡がいくつも発見される。夏から秋にかけてナメラ林道の小さな谷筋にあたる曲がり角には、毎年決まってかなり深くシャベルで掘ったような跡が見られる。ナメラ林道上では糞が採集されていることなどから、確実に京女の森に生息すると思われる。この尾越山域一帯は、京都府の鳥獣保護区に指定されていることから、鹿や猪のような狩猟の対象となる野生動物には安心して生活できる環境なのであろう。

コウモリについては、久多の大家林平氏が雪が溶ける初春の頃に、八丁平に抜ける林道付近で、半分冬眠中と思われる個体を見つけて持ってこられたことがある。ところが、写真を撮ろうとみんなで触っている内に、人の手で暖められたコウモリがあっという間に飛び去った。コウモリの専門家である奈良教育大学の前田喜四雄氏によれば、状況証拠からおそらくこれはコテングコウモリであろうということだ。

今までコウモリが飛ぶ姿がこの山域で目撃されたことは一度もないことや、一九九五年九月に前田氏とともに捕獲を試みたが全く捕れなかったこと、そして尾越周辺の地形からみてもこのあたりでコウモリが生息する可能性はほとんどないと思われる。

ネコ目では、ニホンイタチ、ニホンテンが京女の森でよく目立つ一方、タヌキとキツネの生活痕は非常に少ない。前者はより自然度の高い環境に生息し、後者はいわゆる里山に多い傾向がここでもみられる。

日本固有の哺乳類であるニホンイタチは、ナメラ林道を中心とする調査で糞が比較的よく見つかる。また、雄の個体を秋から晩秋にかけて生け捕り罠で捕獲したことがある。一九九一年三月には、釣り堀の横に建てられていた小屋の床下入り口に「ため糞」を発見したが、これが

表２　ニホンテン、タヌキ、ニホンイタチの糞内容物の分析

月	ニホンテン			タヌキ			ニホンイタチ		
	果実	哺乳類	昆虫(実数)	果実	哺乳類	昆虫(実数)	果実	哺乳類	昆虫(実数)
3	6	7	0(13)	4	3	1(7)	0	2	0(2)
5	3	9	0(9)	2	4	1(7)	0	11	2(11)
6	4	10	5(15)	0	4	0(4)	0	5	0(5)
7	1	12	6(31)	4	4	4(10)	0	4	5(9)
10	3	3	7(10)	0	0	0(0)	0	0	1(1)
12	33	2	2(36)	0	0	0(0)	0	0	1(1)

ニホンイタチのものかシベリアイタチのものかは判定できなかった。イタチの餌には、昆虫や哺乳類のような動くものが多いことが表２の糞内容物の分析からわかる。

ニホンテンは、杉や檜の人工林ではなく広葉樹林の自然林を好み、人のいる環境への依存度が比較的少ないことが知られている。このことは京女の森での痕跡調査でも明らかである。すなわち、表２に示したようにニホンテン、タヌキ、ニホンイタチの三種の糞中の果実の出現頻度を調べると、テンの場合三月が五〇％、七月が三〇％、一二月には九〇％を超えている。つまり、明らかにテンはイタチに比較すると植物系の餌を中心にしている。豊かな広葉樹林がテンの生命を育んでいるのだ。

また、ナメラ林道上に常に多量のテンの糞（83頁写真参照）が発見されており、冬期の雪上の足跡でも出現頻度が大変多い。二ノ谷管理舎から少し離れた所に、枯れて幹の途中で折れた樅《もみ》の大木がある。この枯れ木にできた樹洞にテンの巣と思われるものがあった。入り口には「ため糞」も見つかっていたので、赤外線カメラでの撮影を何度か試みたが撮影はできなかった。しかし、調査を開始して五年目の一二月末、一か月近く餌付けをしておいた場所で試みた撮影で、ついにその姿をカメラに捉えることに成功した。北に延びる林道からまっすぐに走り降りてきた冬のテンが、仕掛けておいた牛の骨に噛みついている姿が写っていた（82頁写真参照）。

この写真から、尾越のテンは顔面が白くなく、体と尾が濃茶色の冬毛で、喉のオレンジ色が目立つスステンであることが判明した。ニホンテンには冬毛が鮮やかな黄色をしたキテンと呼ばれるものから、背中が濃茶色で喉がオレンジ色のスステンと呼ばれるものまでさまざまな毛色の変異があることが知られている。スステンは紀伊半島南部と四国にその分布が限局され、その他の地域ではほとんど見られないと言われるが、京女の森のある尾越にも生息することが初めて明らかとなった。この事実は、今までに報告のなかった多雪地帯でもスステンが分布することを示している。ただ、近くの久多で保護されたテンの幼獣はキテンに成長したことから、このあたりにはキテンも分布するようだ。

しかし、テンに関してはその生態が未だによくわかっていないことが多く、寿命についてもわかっていない。今後は京都市北部山間地域におけるテンの分布と生態を調べることが必要で

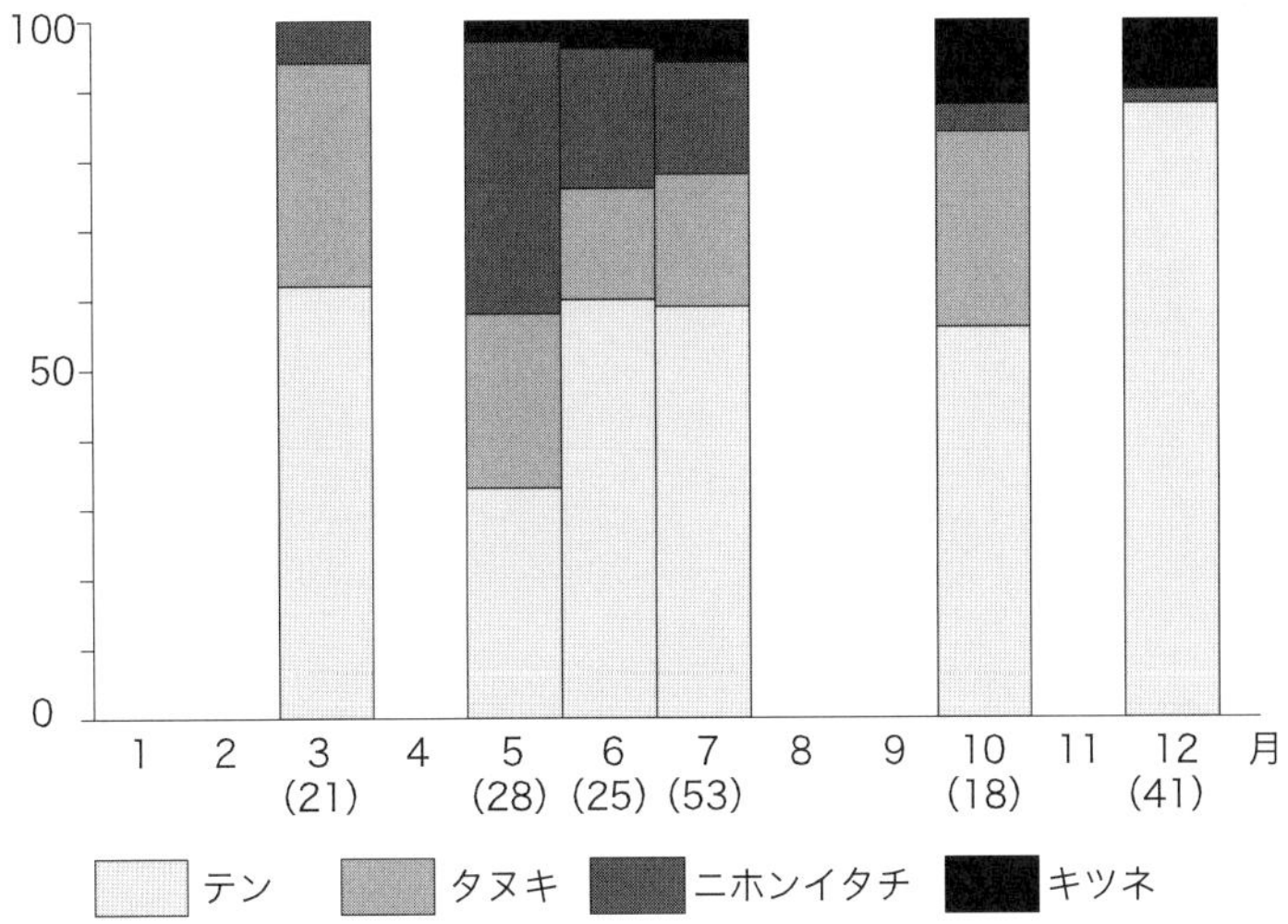

図１　痕跡調査出現ルートで採取されたネコ目４種の糞の各月における割合

（　）内の数字は各月における糞の実数

ある。

イヌ科の野生哺乳動物としてはタヌキとキツネがいる。タヌキは痕跡調査においては、糞の採集がテンに次いで多い。ただし、イタチやテンよりも有名な「ため糞」は見つかっていないが、尾越の人家近くに生息している可能性は残されている。

図１に示した痕跡調査の結果からもわかるように、キツネの糞は非常に少なく、冬期の雪上のフットプリント（足跡）もあまり見つかっていない。ただし、百井の集落では鶏などを襲ってよく出没することが聞き取り調査でわかっている。このように、タヌキやキツネは人里の近くに住んでいるようである。この事実も、

昔からよく知られた話と矛盾しない。

クマであるが、ツキノワグマの生活痕である「クマはぎ」の古いものが、荒谷内部に残されていた。熊の糞は見つかっていないので、生息するかどうか不明であるが、生息していてもおかしくない山林地域ではある。

最後にニホンザルだが、ニホンザルは群れで行動することが多く、時として農作物に被害を及ぼす。したがって、地元住民からの聞き取りにより情報が得られることが多い。大見のお地蔵様の前で撮影されているので（49頁写真参照）、ニホンザルが生息する可能性はある。

この他に、イタチ科のアナグマの生息する可能性が上げられるが今のところ本地域での生息は確認されてはいない。

以上、尾越山林には確認された哺乳類としては、モグラとリスとヤマネがそれぞれ一種類、ネズミの仲間が四種類、ウサギとシカとイノシシがそれぞれ一種類、イタチの仲間が二種類、イヌ科二種類、クマ科一種類と合計一五種類である。

ここで特筆に値するのはテンの生活痕跡の多さであろう。この数が多いか少ないかはわからないが、テンが自然林を好むことがわかる。

周辺の山林のほとんどが杉や檜の植林地であることを考えると、これらの野生哺乳動物にとって落葉広葉樹が多い京女の森は極めてすみやすい貴重な自然環境であるといえよう。

七　尾越周辺の昆虫について

1　甲虫類について

甲虫は種類が多く、生息環境が非常に多様なために動物相の評価に適した一群である。今までに、この地域の昆虫相に限定して調査された報告はないが、京都市が八丁平で行った環境調査報告書には水生昆虫・トンボ・蝶について記録が残されている。ここでは一九九〇年から一九九三年までの四年間に実施された高橋敞氏による尾越地域の甲虫類の調査結果に基づいて解説する。

ほとんどの調査地域は二ノ谷管理舎周辺か京女の森近辺と荒谷の沢沿いであるが、調査範囲は大見集落から八丁平までを含む。

尾越地域で採集された甲虫は、京都府に産する甲虫の総数の約四分の一にあたる約七〇〇種である。尾越の甲虫相は典型的な低山地ないしは中山地性のもので、採集・記録された約半数の種は平地である京都府南部の種と共通しなかった。

尾越の近くには鞍馬、貴船、大悲山、芦生など、昔から昆虫採集で有名な地が多いわりには、現在までまとまったリストが発表されておらず尾越との直接の比較ができない。そこで、距離的には離れているが、調査記録のある奈良公園と京都府南部を選び、三地域の甲虫相の比較をしてみる。

開発の著しい地域として、松尾以南の京都市西京区、醍醐などの伏見区、宇治市、綴喜郡等を選び「京都府南部」とした。これに対して、奈良公園は天然記念物に指定された春日山や御《み》蓋山《かさやま》等数百年経過した自然林を含み、近畿地方では自然度の極めて高い地域である。したがって、この両者をあわせて近畿地方の平地から低山地の甲虫相を代表させる。

京都南部で一五〇〇種あまり、奈良公園で一四四五種、尾越で約七〇〇種の甲虫が記録された。これは京都府に産する甲虫の約四分の一にあたり、典型的な低山地から中山地性の種類だった。また、開発が進み自然度の低い京都南部でも一五〇〇種ほどの甲虫が見られる。面積は狭いながら奈良公園（東西三キロ、南北二キロ）でも、ほぼ同数の甲虫が産することがわかる。両地域に共通する種は八〇〇種ほどで、約半数の七〇〇種ほどが各地域に独自の種である。この差が自然度を反映するとは言えないが、ある程度自然環境を反映していると思われる。

尾越で採集された約七〇〇種の内で、京都府南部―奈良公園と共通しない種は一五〇種ほどで、尾越と京都府南部、尾越と奈良公園のそれぞれに共通しない種はいずれも約二五〇種だった。

共通しない種について見ると、確かに山地性といわれている種類からなっている。次のものは中部・近畿の山地帯に共通して個体数の多い典型的な甲虫である。

ガロアミズギワゴミ、ウスグロモリヒラタゴミ、ミツアナトキリゴミ、オオヒラタハネカクシ、アリガタハネカクシ、ツヤスジコガネ、ダイミョウヒラタコメツキ、ベニヒラタムシ、アカハラケシキスイ、ツツオニケシキスイ、コカメノコテントウ、クロナガキマワリ、セスジヒメハナカミキリ、マルガタハナカミキリ、マヤサンコブヤハズカミキリ、シロホシヒメゾウ。

そこで、分布上特徴のある種をいくつか紹介する。

Podabrus kansaiensis：最近記載された種で、種名どおり関西地方に限り分布する。飛べる虫なのに非常に多くの種を含み、地域に固有なものが多い興味ある一群を形成する。高橋敞氏による同定結果から尾越地域でも未記載種が数種類いると思われる。

フトベニホタル：西南日本型の分布を示す種で、京都府南部では見られない。

ババヒロテントウ：元来アシ原に生息する種で、府南部の大きい河原などに多い。

クロスジチャイロテントウ：京都から記載された種で、長らく珍種と思われていた。アシ原のある河原などで普通に見られることがわかってきた。芦生でも採集されており、桂川流域のずいぶん北まで産地が知られているが、安曇川水系である尾越でも採集できた。

ルリバネナガハムシ：中国地方山地から滋賀県あたりにかけて分布する。京都市では西京区大原―松尾では採れるが、それより南では記録がない種である。北山は分布の中心にあたると思われ、尾越でも極めて多い。

以上総合すると、尾越で記録された甲虫相は典型的な京都北山のものである、といえる。高橋敞氏によれば、尾越の甲虫相は全体的にみて雲ヶ畑、能見あたりと似ているということである。

2 水生昆虫について

水生昆虫は生活環のすべて、あるいは一部を水中で過ごす昆虫類である。代表的なグループとしては、カゲロウ、トンボ、カワゲラ、トビケラの仲間がいる。また、近年姿を消しつつあるタガメを含むカメムシの仲間、ゲンゴロウやガムシを含む仲間も代表的な水生昆虫に入る。

水生昆虫は水質により出現する種類が異なるので、簡単な水質の判定法の一つとして利用される。さらに、上流や下流、瀬や淵といった生息環境ごとにも水生昆虫の違いが見られ環境の指標ともなる生物である。

ここでは一九九八～一九九九年に、主に荒谷で青柳正人氏が実施した調査結果から解説する。

尾越地域の水生虫類は八目三二科五四種が確認された。確認された五四種中の内で二八種がトビケラ類である。また、構成種の中にはキタガミトビケラやニッポンアツバアエグリトビケラ等のように、源流部の水温が低いところに生息する種類が見られ、魚類だけでなく水生昆虫相からもこの地域が冷涼な渓流環境であることがわかる。

荒谷の優占種は、瀬ではアミメシマトビケラ類、淵のリターパック（堆積した落葉）ではオオカクツツトビケラである。

確認された種類の中で、いくつかの水生昆虫について一般的な生態と生息状況について簡単に紹介する。

オニヤンマ：荒谷の細流の浅いところでは、比較的普通に見られる。二ノ谷で飛んでいる成虫個体を確認した。

ミルンヤンマ：荒谷の細流で幼虫採集した。一般的に、細流では最も普通に生息するヤンマ類である。成虫はまだ確認されていない。

キタガミトビケラ：幼虫は荒谷の流れの速い場所で確認した。個体数はそれほど多くないようだ。キタガミトビケラ科のトビケラは、アジアにしか分布しないグループで、日本では本種のみが知られている珍しいトビケラである。

クロツツトビケラ：幼虫は荒谷と二ノ谷の瀬で確認した。水温の低い山地渓流に広く分布する。本種は他のトビケラと違い、筒巣を砂粒や枯葉などを一切使わないで吐糸のみにより造るのが特徴である。

ニッポンアツバアエグリトビケラ：アツバアエグリトビケラ属の中では、本種が最も普通種で源流から上流にかけて生息する。芦火谷川で幼虫を確認。近畿地方での分布は局所的である。キョウトニンギョウトビケラ：幼虫は荒谷の細流で比較的普通に見られる。名前のとおり、本種が最初に採集された産地は京都である。本流に出現することはなく、源流近くの浅い流れに生息する。青柳正人氏によれば、現在、本種は島根県を除き近畿地方にしか分布しないことから、本地域で確認された成虫を日本海側の他の地域の標本と比較検討する必要があるという。オオカクツツトビケラ：荒谷のリターパック（堆積した落葉）で多数の幼虫を確認した。本種は山地渓流に広く分布する。荒谷において最も普通に見られる種である。ミヤマミズバチ：二ノ谷で本種に寄生されたニッポンアツバアエグリトビケラの筒巣が確認された。

その他にも、青柳正人氏の調査から日本未記載種の可能性がある種類が数種類見つかった。この事実は私のような昆虫の素人にとり大変な驚きだった。実は、このような源流地域の山間渓流での水生昆虫調査は本格的な研究が行われていないため、京女の森のような狭い範囲であっても学術的に貴重な種類（新種の可能性もある種を含む）がいくつも確認できておかしくないということである。

したがって、本地域の水生昆虫の調査は今後も継続し、未記載種の同定や生態を明らかにする必要がある。山地渓流性水生昆虫についての新しい知見は学術的な貢献が大いに期待される。

ここで大切なことは、水生昆虫相から見てもこの地域が極めて冷涼で貴重な種類が生息する自然環境であることが示された点である。この京女の森が極めて多様性に富んだ自然環境であることは、すでに述べたように菌類や動植物相の調査結果からも明らかだが、水生昆虫相単独だけでも同様のことが指摘できるのである。

全く日本の自然の奥深さには驚かされる調査結果である。

なお、巻末に京女の森周辺で確認された水生昆虫のリストを掲載した。

3　大見・尾越地域の蝶について

京都蝶の会の会誌「杉峠」に発表された中から、中村知史氏が調べられた大見・尾越およびその周辺地域での採集記録から紹介する（蝶リストは巻末に掲載）。

◎シジミチョウ科（ミドリシジミ類）（採取場所）

ウラゴマダラシジミ（大原・大見）アカシジミ（大原皆子谷・大原八丁平・大原三谷峠）ミズイロオナガシジミ（大原三谷峠）ウラクロシジミ（大原尾越・大原大見・大原八丁平・大原三谷峠）ジョウザンミドリシジミ（大原大見・小野谷峠・大原皆子谷・大原八丁平）エゾ

ミドリシジミ（大原皆子谷・大原八丁平）ミドリシジミ（大原大見）アイノミドリシジミ（大原皆子谷・大原三谷峠）メスアカミドリシジミ（大原大見・大原尾越・大原芦火谷・大原二ノ谷・大原八丁平・大原小野谷峠）ヒサマツミドリシジミ（大原三谷峠）ウスイロオナガシジミ（尾越芦火荘付近）フジミドリシジミ（大原大見・尾越芦火荘）

◎ジャノメチョウ科、セセリチョウ科

ヒメキマダラヒカゲ、ミヤマセセリ、キマダラセセリ、ホソバセセリ、オオチャバネセセリ、チャバネセセリ（以上すべて大原大見）クロヒカゲ（オグロ谷）

◎タテハチョウ科

オオウラギンヒョウモン、サカハチョウ、キタテハ、スミナガシ（以上すべて大原大見）ミドリヒョウモン（大原小出石・大原戸寺）アサマイチモンジ（大原大見・尾越）ミスジチョウ（大原大見・大原八丁平）

◎シロチョウ科、マダラチョウ科、テングチョウ科

モンキチョウ、テングチョウ（大原大見）ツマキチョウ（芦火二ノ谷）スジボソヤマキチョウ（大原足尾谷）アサギマダラ（大原大見・尾越足尾二ノ谷）

【ミニガイド５】和菓子の尾越

尾越（おごせ）
京都洛北、大原より二〇キロ程、山奥にある小さな村が「尾越」です。
多雪地帯のため今は、住む人もほとんどなく寂しい村、朽ちたわらぶき屋根が消えゆく山村を思わせます。
良質の小麦粉と卵、ハチミツを使った焼皮でつぶし餡を包み、形をわらぶきの屋根にし、山椒の味で山村を現しました。このお菓子で少しでも田舎や故郷の哀愁や郷愁を感じてもらえば幸いです。

と栞《しおり》の裏に書かれた、京都の和菓子がある。

この和菓子、市内中京区新烏丸二条上るにある「松爾《まつや》」が製造している、知る人ぞ知る季節限定の味わいのある菓子である。

紅葉の季節、この和菓子を携えて「忘れられた里山」尾越の沢にて野点をするのも一興。まさに一期一会。京女の森を散策した後での一服の抹茶は、疲れを回復させるに十分である。山の澄んだ大気とともに、記憶に残る素晴らしい秋の一日はこの和菓子とよい取り合わせである。

店は明治二一年「いろは餅」本店として創業開始。初代は國枝兵彌《ひょうや》氏。戦後になり現在の場所新烏丸通二条上るに移転、京生菓子司「松彌」と改める。この屋号は二代目の彌一郎氏が当時の町名「松柳町」と自分の名前から考えられた。と、現在四代目になる國枝治一郎さんにお聞きした。昭和六三年には、京都府知事より創業百年老舗の表彰を受けた京の和菓子司である。現在は創作和菓子を作られている弟の純次さんとお店を開いておられる。

京都市役所の一筋北にある二条通から、少し北に上がると小さな店がある。一度、この季節限定の和菓子を賞味しながら、故郷のことを思い出して頂きたいものである。

みちしるべ
　京の中京
　　うらまちに
かくれた味の
　　老舗の店

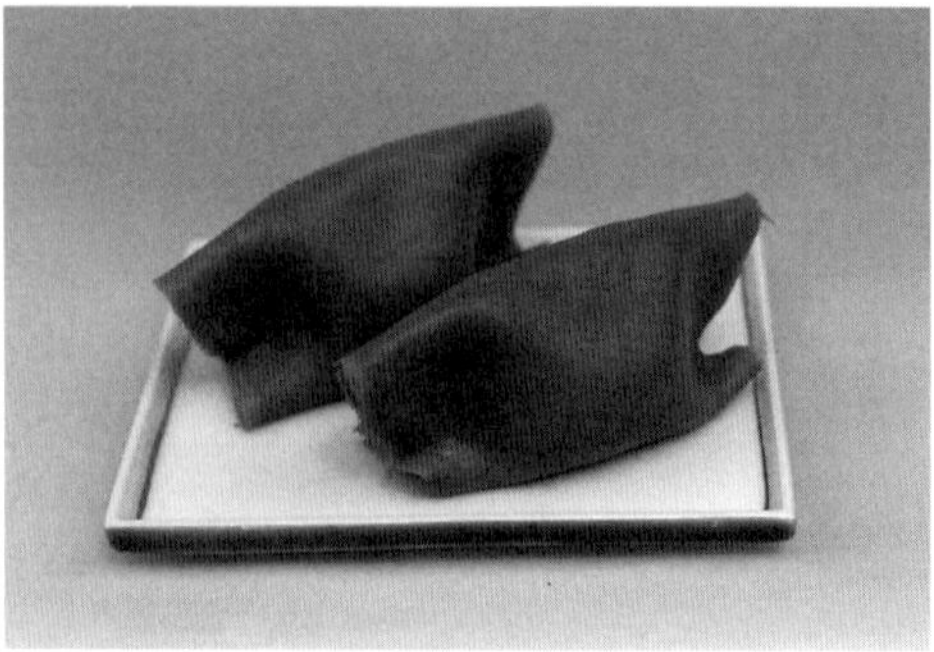

第三章

生命環境教育のすすめ

「京女の森」で環境教育を

一　はじめに――環境教育とは

一九八〇年代から十数年、さまざまな地球環境問題についてのサミット報告や問題解決の提言が世界的に行われてきたことはマスメディアを通じてご存じの通りです。そして、わが国でも九〇年代前後から爆発的に自然環境の保護や保全、あるいは自然環境の復元に関する出版物が出ています。それらはいずれも大変示唆に富んだものが多いのですが、残念ながらまだまだ各個人の環境観（価値観）を変える力とはなっていないように思われます。

たとえば、自然保護一つ取ってもみても、わが国の自然環境がいかに過酷に破壊されたかを実際に自分の眼で確かめた人は少ないのではないでしょうか。あるいは、今までの歴史についても「人間活動が自然環境に与えた影響」という点からもう一度見直すと、従来の日本史や考古学が違う切り口で見れますし、二一世紀を考える上で新しい歴史観が生まれてくるかも知れません。つまり、西洋近代が生みだした自然科学というものと、それの人間社会への応用としての技術史を学ぶことで人類がどのような社会を作り、また自分の生活環境としての地球を他の生物は言うまでもなく自分自身にさえ耐えがたいものに変えてきたことに気づかねばなりません。すなわち、地球上の生命の生存に不可欠な相互依存関係（生命環境）を断ち切ったのが自称「知恵のある猿（ホモ・サピエンス）」だったのです。二〇世紀は、ルネッサンスにより目覚めた人間中心主義（ヒューマニズム）により快適な生活を求めた結果がヒトを含めた生物にさまざまな影響を与え、かつ生命環境を著しく損なった歴史とみることもできます。二一世紀にはこういった科学技術の悪い面を正し、生命環境に好ましい循環型の社会を作り上げなければなりません。それにはまず生物の複雑な社会（階層性をもつシステム）について生態学的な見方を学び、次に社会的にどのような対処の仕方が考えられるかを具体的に考えてみる必要があります。

例をあげると、産業廃棄物や家庭ゴミの問題があります。どのようにすればこれらの問題を解決できるでしょうか。まず産業廃棄物を回収し焼却するためには人件費を始め焼却炉の建設等、多くのエネルギーと費用がかかります。したがって、一番よい解決法はドイツで行われているように法律により解体後に再利用できる部品を技術者に考案してもらうようにすることです。そうすればいままでのような一方的な非循環型ではなくて、何回も利用できる循環型で環境の破壊を最小限におさえることが可能となります。また、家庭のゴミの問題でも土に還るものは最初に分別し微生物に分解させ、不燃物は金属・ガラス・プラスチックと分けて回収すれば費用も少なくてすみます。家庭や地域で子どもたちと一緒に取り組むことで親も環境に対する倫理観を育てることができます。自分だけよければよいといった態度や、人の迷惑を考えずに生活することはできなくなるはずです。このようにして地球環境問題はひと昔前の日本人が持っていたモラルを再び身につける機会を提供してくれます。また、地球上のさまざまな地域の人々の暮らしを考えるよい機会にもなり、経済的な無駄を省くことで将来の地球人が住みやすい環境を作り出すことに貢献することができるのです。

二　本物の自然とのつきあい方

このような当面する廃棄物の問題の他に、本物の自然が持つ素晴らしい力を体験することが未来の地球人にとって大変重要です。それは単なる知識ではなくてこの地球惑星号に生息するたくさんの生き物たちと触れあうことです。著名な科学者たちの回想を読むとわかりますが、子どものころに多様な自然に触れた経験があると柔軟な発想をしたり、複雑な考え方を理解することができるようです。つまり、自然の持つ多様で複雑な空間やパターンを体験することで体（脳）によい影響を与えるのです。人工の構造物は機能を重視した結果、大変単純な構造ですが、自然や生命体の構造は複雑で多様です。それにはそれなりの理由がいろいろとあるのです。すでにお医者さんが指摘されているように、自然の中で遊ぶ機会がここ数十年の間に驚くべき勢いでなくなってきたことで子どもたちの心や体にまで影響が出てきています。これはわれわれの体や心にとっても、また二一世紀を生きる子どもたちにとっても決してよいことではありません。本物の自然と触れあうことはいうまでもなくヒトが生物であることを実感し、他の生物とこの地球上で共生しなければ生きてゆけないことを知る早道です。本に学ぶのでなく自然に学べ「Study Nature, not books」という言葉がありますが、まさにその通りです。

これからの環境教育では、まず第一に正しい環境観を持った指導者を育てなければなりません。そして、生態学的な基礎知識に裏づけられた指導により子どもたちに楽しい自然観察を教えてゆかなければなりません。そのためにはできるだけ身近かな自然な環境を選び、そこを時間をかけて観察することが大切です。そして、それぞれの生き物については専門家の助けが必要です。植物が好きなヒトは植物だけを見て歩きます。昆虫が好きな少年は昆虫ばかり追い求めます。自然とつき合う最初の入り口としてはそれでよいのです。しかし、次の段階ではいろいろな生き物の相互作用、たとえば鳥の糞や獣の糞のウォッチングからそれぞれの生き物がどのような食べ物（動植物）を食べているのか考えてみたり、植物と昆虫の関係について調べたりすると「食物連鎖」や、生き物たちの相互作用について理解できます。その際にはあなたが住んでいる地域におられる大学の研究者や高校・中学・小学校の先生、あるいはアマチュアの研究者（それはカメラマンやおばあさん・おじいさんかもしれません）を探して協力してください。つまり地域の研究者ネットワーク（連絡網）を作り上げることです。その地域に日本野鳥の会とか自然保護団体があれば連絡してみましょう。数人の仲間ができれば今度は時間をかけて一定の空間、すなわち神社・山林・地域・河川等を観察してそこに生息する生き物を調べます。植物が一番簡単に調べることができます。次が魚や両生類・爬虫類でしょう。移動能力の大きい野鳥や野生動物は少し馴れるまでは観察にてまどるかもしれません。そして、最後はキノコや微生物まで調べたらもっと楽しいでしょう。すべての生き物と対等につき合うことが大切です。

　実は私たちはこのようにして、京都市左京区にある尾越山林域について五年間ほぼ毎月二回以上出かけて観察を重ねました。そして、それぞれの生き物の名前を専門家に教えてもらいました。その結果わかったことは、植物が約四〇〇種類、甲虫が約七〇〇種類、野鳥が約八〇種類、両生類と爬虫類が一八種類、魚類が四種類、野生の哺乳類が一三種類いることがわかりました。たった二四ヘクタールという広さの二次林ですが、杉《すぎ》や檜《ひのき》ばかりの単純な構成からなる人工林では考えられない「種の多様性」が観察されたのです。ここでいう「種の多様性（Biodiversity）」とは、要するに一定の地域にさまざまな生き物（種）がいることを意味します。広葉樹と針葉樹が混ざり合った自然林では複雑な空間があるため、そこに多様な生き物が生きてゆけるのです。ただ一〜二種類の針葉樹の植林地では他の生物のエサとなる木の実ができませんし、空間が単純なため限られた生き物しか住むことができません。森林は温度と降水量で決まりますが、針葉樹だけの森では下草が生育できません。なぜなら針葉樹の葉の成分には他の生き物の生育をおさえる成分が含まれているからです。また、水分と温度が十分でも光が不足するからです。広葉樹林であれば技葉は曲がり樹の下まで光が届くので低木も生育できます。実際、日本の森林では高木・亜高木・低木に加えササが発達します。ササは熊や鹿といった野生生物の餌として大変よい植物ですし、日本に多いウグイス等の小鳥やノネズミの巣作りにも欠かせない場所と材料を提供します。このような変化に富んだ空間（すきま）や素材がそれを利用する生き物の生活を保障しているのです。

そして、森を生態学的に理解するだけでなく、このような緑の深い森を一時間以上歩き回ることで精神が大変静まり気分が爽快になります。また、キノコやネズミや野鳥を観察することで生命の不思議さを実感できます。こういった体験は机上の知識では得られないものなのです。実際に森の中を歩いて見て体験することを繰り返すと、段々と精神活動も研ぎすまされてくるようです。比叡山で修行をした千日回峰行者の方が、山に入り修行を始めてしばらく経つと山の中にいても遠くにいるヒトの気配や森の中が体で見えるようになる、と言われたのを聞かれたこともあるかと思います。そういった感覚は森と親しむことで少しはわかるようになります。

何回も何回も同じ山道を歩いていると少しずつ森の生き物の気持ちがわかるようになります。そして自分自身が変化してゆくのです。そこが大切なところで、自然の生命環境が自分とつながり一体感が持てるようになります。そうすると自然と生き物の生命を大切にしなければいけないということに気がつくのです。

人に教えてもらって理解するのではなくて、「自然のいのち」と触れあうことで体得することが最も大切です。それができれば「生命環境教育」は卒業です。そのプロセスを次の世代に伝えていけばよいのです。そのための生き物の調査なのですから。

三　森のやくわりと私たちの関係

ここでは京女の森を利用してどのように環境教育を行ったらよいか私の試案を述べてみます。もちろん、実際にここを利用される方々は自分たちで自由にいろいろなやり方で、児童生徒とともに「森のはたらき」や「森の生き物とわたしたち」といったテーマから環境教育を展開してくださって結構です。

はじめに二一世紀における環境教育の目的は何かといえば、自分の足元から環境問題を考えてゆける市民を作り上げることにあると思います。地球環境問題を政治や経済の問題で終わらせるのでなくて、自分たちの暮らしの中から疑問を見いだし考えてゆく姿勢を育てることが大切です。たとえば、朝起きて顔を洗いトイレを使用したとします。その時に今自分が使った水はどこから来たのか考えることで、森林の持つ役割について気づきます。あるいは使った排水はどこにゆくのか考えてみれば、排水処理場の存在に思いが及びます。そして今では家庭排水が環境を汚染していることに気づかねばなりません。このようにして足元から考えることで一人一人の市民の意識が変わってゆかねばなりません。見たことや生活したこともない世界の熱帯雨林の問題についていくら知識があろうとも、わが国の森林や山村の現状について何も知らなかったり関心がなければ環境問題の真の解決はないのです。

そこで、実際に「森の生き物たち」を子どもたちとウォッチングしてみることです。京女の森を観察することで「森のやくわり」を考え、どのようにしたら森に生きている生き物たちと共存してゆけるのか。みんなで話し合うのがよいと思います。その中から自分自身の持っていた価値観の変化がおこればしめたものです。したがって、まず最初に地域教育や学校教育の指導者の方々に京女の森で二泊三日程度の野外実習を受けてもらいたいと思います。「森林のはたらき」や「森の自然観察法」といったテーマで、森の生命環境を作り上げているさまざまな生き物についてのウォッチングをコース(「京女の森の四季」の解説参照)ごとに体験してもらいます。もちろん、植物や野鳥といった個々の生き物の自然観察法自体は各地にある各種の自然保護団体などでも学べるわけですし、地域により見られる生き物に違いがあります。さいわいなことに京女の森は、いわゆる雑木林あるいは二次林です。したがって、ここで学べば全国どこでも応用がききます。また、ここでは植物だけ昆虫だけ野鳥だけといった個別の観察法ではなくて、森林をトータルに理解する観察の仕方を身につけてもらいたいと考えています。すなわち、「森林の生命環境」がどのようなものであるかを全体的（生態学的）に学び、かつ山村のおかれている社会的状況についても考えてゆけるようにしたいと考えております。この実習を終えると「森林市民としての免状」を差し上げて、二一世紀の森林環境を救う市民である資格とします。

そうしてこれらの方々が全国各地の地域や学校で核となり中心的な役割を果たしてもらうことで、より多くの市民や児童生徒に「日本の森林」について取り組んでもらえます。学校では単に理科だけでなく家庭科や保健体育はもちろん社会や国語の教科でも森林問題を取り上げることができます。ただ、生態学（エコロジー）の概念をきちんと理解しないと本当に森林の働きについて学んだことにはならないので、この点をおさえておくことが大切です。

環境教育をする場合、総合的な視点で考えさせることが大事ですが、自分に何ができるかを考えて実行することが最も大切です。市民や生徒の一人一人が各自で取り組める実践活動をやり遂げて初めて環境問題と取り組んだことになるのです。単なる理論と知識だけでは二一世紀の環境教育にはなりませんし、地球環境問題は決して解決しないのです。「森のいのち」を通し

表　自然環境と人工環境の比較

いろいろの特徴	自然環境	人工環境
固さ	小	大
ケガのしやすさ	小	大
危険度	大	小
虫に刺されやすさ	大	小
温度差	小	大
ヒートアイランド現象	NO	YES
種の多様性	大	小
すきま構造	大	小
感じる器官	体全体	脳
シンボル表現	母なる大地	父なる文明

て、この地球という惑星に住むすべての生き物たちの生命環境について思いをめぐらせ、またそれらと共生してゆく手だてを考えることのできる、感受性豊かな子どもたちを育てたいと考えております。想像力や感受性は偏差値ではかることのできないものです。いままでの日本の教育の欠陥を正すためにも環境教育は大切です。

その意味でまるごとの自然と触れあう機会を家庭・地域・学校教育を通じてできるだけ増やすことで、真の宗教性と科学的理性をもった、すなわち「品性と徳」をもつ日本人が育ち、二一世紀をリードしてゆくことを期待しています。

四　森の持つ教育力

地球が四六億年かけて作り上げた自然環境とヒトが作り上げた人工環境（建築物等）との違いを比較

してみましょう。（上表）

つまり、森と都市の環境について比較してみると、ヒトのことだけを考えて作られた空間はコンクリートやアスファルトといった固い構造物が多用され、すべすべしたすきまのない表面からできています。一方、森にみられるようなすきま空間がいろいろな生き物の生活を可能にしていることに気づきます。確かに危険はあります。なぜならそこにはヒト以外の生き物も生活できるからです。また、クーラーを設置した都市より森の方が涼しいのはなぜでしょう。森で生きる生き物のもつ複雑さと生態系でのさまざまな役割は、単純な機能だけを追求した都市では到底かなわないのです。軟らかく包容力のある母なる大地（自然環境）をとりもどし、父なる文明（人工環境）が冒した誤りを二一世紀にはたださねば、この地球上の生き物は仲良く生きてゆけないでしょう。このことを京女の森で学んでほしいのです。

すでに南アフリカや英国などでは、具体的な開発に対してその地域の生徒が考えた環境政策を全国的なコンクールを通じて発表させています。わが国でも具体策を生徒に考えさせたり、河川の復元に建設省が現在行っている「多自然型の河川改修」の評価等を生徒に行わせてみるのも環境教育の一環として考えられるのではないでしょうか。

体験学習を通じて自分の頭で考え行動できる生徒が育つためにも、今後はわが国においても学校教育はもとより家庭教育や地域教育とも連携した総合的な環境教育のあり方が問われていくものと思われます。生活の中から疑問を発して生活のスタイルを変えてゆかない限り、地球環境問題は決して解決への道を歩むことはないことを市民が理解しなければならないのです。

自分の身体を通して自然の森を体験することが今最も必要な時代です。生まれた時から無機的な人工環境で生活しているとその便利さに慣れ、さまざまな生き物が生活する自然はうっとうしいものに感じるようになります。そして虫やヘビのいない、人間のみが快適な環境を求めるようになっていきます。人間もヒトという生物の一種であることを忘れてしまいます。

しかし、森の中へ入っていくことで、身体にかかっている人工的な環境からの歪《ひず》みを正すことができます。学生たちが森の中を歩いてくると必ず言う言葉があります。「何か心がいやされて、心が楽になりました」と。これはまさに森の持つ「いやし効果」です。また、「自分も生物なんだ」と実感した、と言います。そして、今までの生活が不自然であったことに自ら気づくのです。これが私のいう「森の持つ教育力」です。このような目には見えない森の力を感じるには森の中を生き物ウォッチングするのが一番です。

その意味で二一世紀の環境問題を考える生命環境教育の森として、京女の森（尾越自然苑）が活用されることを願い、また努力してゆきたいと考えています。

自然と科学と宗教と

いま世界の社会主義国は大きな変革の波に洗われ、緊迫した毎日が続いている。新しい歴史の一ページがソ連と東欧でめくられ、マルタ的転回の中で、世界のリーダーたるべき日本はこれから何を目指し何処へ行こうとしているのか。新年を迎え思案をめぐらすのも悪くないが、ワープロを前に、日ごろ考えていることを少し打ち出してみよう。

まず九歳になった少女が初めて書いた「朝しもがおりた」と題する詩を紹介しよう。できれば読者の皆さん、声を出して詠みあげてみてください。

朝　はじめて　しもが　おりた。
ダイヤモンド　みたいに
キラキラ、キラキラ　ひかる。

かき氷みたいだな。
つめたくて　白くて　ゆきみたい。
ふんわりとしていて　アイス　みたい。
もしも　それが　ほんとうだったら、
たべてみたいなあ。

ここには私たちみんなが、昔確かに持っていたのにもう忘れてしまったか、取り返しができなくなった素直な心が映し出されている。
この子が一一歳になって創作した二番目の詩「きゅうりととまと」は次の通りである。

お母さんとお父さんが作った　きゅうりととまと。
きゅうりはしおをふってかじると　ぽりぽりっという。
とまとを半分にきると　じゅわじゅわとしるがでる。
わたしはそれをそっとなめる。
きゅうりは、ぽりぽりっ。
とまとは　じゅわじゅわ。

とまとときゅうりからは
お母さんとお父さんのあじがする。

ここには前の詩に出てきた、目前に広がる不思議な自然と「私」だけではなく、野菜と親の顔が出てくる。第三者がすでに子どもの視界に捉えられている。自分だけの世界が次第にその広がりをみせ他人を認識して、はじめて自己の存在はその輪郭を露わにするのである。自然と自分との間に介在し、自己を他者との関係で把握させようとする存在が現れてくるのだ。いわゆる人間関係である。この生物相互作用は人類の歴史で、ごく最近まではあまり大きな自然環境の破壊をもたらさなかった。もちろん、恐ろしいまでの大量殺りくは歴史上枚挙にいとまがないことは事実であるが。人間の気持ちは今も昔もそう変わらないのである。したがって、子どもから大人への発達は、ある意味で人類の発展と同じ軌跡をたどっているような気がする。

地球環境の保護が今や世界中で唱えられ、ついに〝環境倫理〟なる言葉ができた。一九八九年は環境元年といわれたように国の内外で一気にさまざまな環境会議が開かれた。約三〇〇万年前に誕生した人類は、約二〇〇年前から使用し始めた化石燃料の大量使用によって、自分の生息する惑星の自然環境にまで重大な影響をあたえ始めた。今まで何人もの科学者が地球の危機を警告し、その声は無視され続けてきたかにみえるが、ついに各国の政治家が、人々が理解をし始めたかにみえる。本当にそうだろうか。科学の成果である技術を利用して生産量を飛躍的に伸ばし、日常生活の向上を口実にわれわれはなんと大量の廃棄物を自分たちのすむ美しい自然環境に撒き散らしたことか。二酸化炭素しかり、フロンしかり、二酸化硫黄しかり、除草剤しかり、難分解性プラスチックしかり、重金属しかり、難分解性人工化学物質しかり、いくらでも例を挙げることができる。

環境問題に対する意識は高まったかにみえる。本当にそうだろうか。いまや自分たちが子どものときに親しんだ母なる自然は、無残にも汚され引き裂かれ醜い姿にデフォルメされ、次の世代はもはや九歳の子どもが見た世界は眼にすることはないだろう。今から二〇年前、一九六〇年代後半から一九七〇年代前半すでに環境問題は流行の話題であった。一九九〇年四月二二日に「地球の日」制定二〇周年が祝われることを皆さんはご存じだろうか。もし大衆が本当に科学者の警告を理解し行動を起こさなければ、あるいは政治家がこの警告を聞き入れなければ二〇年後には地球はどうなるか、賢明なる読者は十分に理解できるであろう。このような世紀末的現状が迫り来る現代において、果たして宗教は人類にどのように救いの手を差し伸べてくれるのだろうか。いままで宗教は科学技術の恩恵に対してこれを受け入れてきたが、その害毒に対して有効な手だてを講じてきたのだろうか。宗教はこの自然環境を死守できるのだろうか。

むかしむかし、人は自然と共に生きていた。ちょうど九歳の少女が書きとめたように自然は本当に素晴らしい驚きの連続であったに違いない。しかし、同時にまた訳が解らない苦しみも運んできただろう。

その時、ある人が誕生しそれらの原因をたちまち解き明かしたとしよう。人々は大いに感心し、苦しみから逃れようと我も我もとその教えを信じようとするであろう。しかるに、他所より別人来たりていわく、わが教えさらに霊験あらたかなりと。人々それではと、その教えに従い苦しみより逃れんとするに、その人いわく「まず邪教を捨てよ」と「しからずんば、わが教え汝の苦しみを救うことあたわず」。ここにいたりて、人々大いに惑いてかつまた悩み、何れの教えが正しいか議論を始め互いに自説を主張するであろう。

この宇宙に真理は一つしかないことは、いずれの宗祖も研澄まされた直感によって会得したに違いない。しかし、残念なことにその真理を伝えるに言語に頼らざるを得なかった。あるいは厳しい肉体の訓練を要求した。もとよりすべての人々がそのような過程に耐えうる肉体や精神を持ち合わせているわけでもなければ、できるものでもない。かくして、誰でもが理解しうる教え、すなわち「科学」こそ、いわゆる「宗教」と同じ次元で論議しうるものと認識されたのである。これにより人類史上初めて時間と空間を超え、地球上の人々がようやく共通の理解に到達し、真理法則から導かれる利益を享受することが可能になったのである。直感を退け単純な理屈を一つずつ積み上げ積み上げして、自然界の秘密を解き明かし利用しつくしてきた。科学者は〝純粋な好奇心〟をモチベーションとして科学の発展に寄与したが、その成果は他のいかなる宗教もが到達しえなかった、恐るべきスピードで自然を、地球環境を変容させてきたのである。宗教は、この凄まじいまでの環境の変化の中で、人間のすさみきった〝こころ〟を回復させるにはあまりにもたくさんの難関の前で立ちすくんでいるように思われる。いまこそ科学者と宗教者はお互いに大衆の前に出て、手を取り合ってこれらの難問に立ち向かってゆかなければならない、と考えているのは筆者一人ではあるまい。

ここで少し話を科学的に説明してみよう。化石燃料とくに石炭の燃焼によって生じる二酸化硫黄その他のガスの放出で酸性雨や酸性霧が発生しているが、北アメリカの植物相による一次生産は二〇％減少したと概算される。オゾン層の厚さは、南極上空で五〇％、北極上空で五％減少しており年々悪くなってきている。森林破壊とくに熱帯林は、一年に一％あるいは一〇万ヘクタールの割合で切られ、燃やされている。などなど、長期にわたる影響で地球環境がどのようになるのか計り知れないのである。

眼を空に転じてみよう。そこには汚れなき宇宙が広がっていると思うのは早い。一九五七年のスプートニク一号の打ち上げ以来、すでに合計で三六〇〇あまりの人工衛星や宇宙船が地球の周りに捨てられた。そのうちで現在でも稼動しているものはたった一〇％以下である。大半は残骸破片となって地球を回る軌道上に漂っている。地上から追跡可能な物体の数七〇〇〇あまり。一〜一〇センチ級で三万から七万、一ミリ以上のものとなると数百万にも達する。これらの物体は、宇宙船に損傷を与えるばかりか宇宙飛行士の生命をも奪う。〇・五ミリ以下の金属小片でも毎秒一〇キロメートルの速度で飛ぶと、宇宙服を破壊するに十分である。これまでにも、一九七八年一月にソ連の原子炉衛星コスモスがカナダに落下して大騒ぎとなったが、この原因も宇宙に漂う人工衛星の残骸との衝突のためでないかと言われている。さらに現在では生物学者が人の遺伝子に手を触れようとしている。すでに遺伝子の操作は微生物の世界ではごく当り前の実験手技となり、生命の神秘も、遺伝子レベルでは、何もない状態になっている。さすがに脳の働きについては科学者もまだ全てを明らかにしたわけではないが、このままいけば次第に不明な部分が少なくなってゆくことは眼に見えている。

　こうなってくると宗教家は手も足も出ない。科学者が後かたづけをする手段を考えなくてはなるまい。原因を作ったのは科学者なのだから。では宗教者は何ができるのか。ガリレオの地動説が正しかったことを何百年もたってようやく承認したり、自分たちの教えを間違って伝えた出版物を出した人物の殺害を命じたりしているようでは、なにをかいわんやである。もちろん、世界平和のためにさまざまな宗教家が心を合わせいろいろな活動を行ってきたことを知らないわけではない。世界宗教者平和会議が開かれ、こんにちほど異なった宗教がお互いに手を取りあって行動した時代はなかったであろう。しかし、現実の世界で果たして宗教は人々の生活にどれほど影響を与えているであろうか。さて、あなたはどう思われますか。

閑話休題、最近自然にあるいろいろなものをウォッチングして楽しんでいる。忙しくてなかなか時間がないが、それでも暇を見つけて人が見ていても気づかないものを見いだしたときの喜びは格別である。

たとえば、私の勤務する京都女子学園の空間でも次のような素晴らしい三大絶景を独断と偏見で見いだせる。①旧A校舎の三階にある二三〇一号室から見た清水寺の五重塔。四季折々の東山山系の背景に映える雄姿と夜の照明をあびたなまめかしい姿は一見に値する。②E校舎の五階図書館から遠望できる石清水八幡宮の森と生駒山の山頂。③新装なったG校舎から望む京都市内と京都タワーの夕姿。時に一幅《いっぷく》の絵となる。

京都女子学園の三名木として、B校舎正門にたたずむ四季折々にその清楚な姿を楽しませてくれる楠の大木がまず第一に挙げられよう。さらに、豊国神社とB校舎東面にある本学植物園内に、初夏にひっそりとかぐわしい白き花をつける、ウワミズザクラがあるのをご存じの方は少ないだろう。第三の名木として、L校舎の隅に静かに直立するケヤキがある。彼は、春には新緑の緑を、秋には黄葉の彩りを、そして冬には痩せた樹姿をわれわれに魅せてくれる。さらに東山山麓に位置する本学からは南西の方角にポンポン山と釈迦岳が望め、あゝあの麓に本学所有の八万坪の運動場があるのだと思っているのは私一人ではあるまい。

最後に、我々の日常生活の中でも簡単にやれるウォッチングを一つ紹介したい。皆さんが毎日静かに瞑想して行をしておられる後架でBENをご覧になることをお薦めする。怒れる人、悩める人はBENキャリアーであることが多い。身体に滞留した排泄物を出しきるとき、人は至福の境地を得、かつ素直な心になれる。そして静かにご覧あれ、そこにあなたの健康状態が見えるであろう。

昔、ある禅の高僧に仏の道を問うたところ「仏の道はくそなり」と答えたという。すなわち、身近にあり普段あまり注目しないが、大切なものでふりかざすと皆に嫌われ、自らじっと眺めるものであると。

自然との対話もかくありたいと願う今日このごろである。

合掌

生命環境教育のすすめ

いま世界はさまざまな試練に立たされているように見える。「人口の増加」、「貧困」、「資源消費の拡大」といった三大要因が世界経済を根本的に破壊しようとしている、とワールドウォッチ研究所発行の地球白書は警告している。すなわち、今や人間は地球の生態系のすみずみにまで増え広がった結果、すべての国の人々がほどほどの水準で安定した暮らしを営むためには、なんとしても過剰な消費を抑え、富と資源の配分を改め、環境的に持続可能な技術を発達させ、人口増加のペースを落とさなければならない、と述べている。一九九四年九月カイロで国際人口開発会議が開催されたが、二〇年前に比べて世界の人口は一五億人も増えたのである！　なんと四〇％もの増加である。もはや人間の圧力に堪えられない地球の姿が誰の目にも明らかとなったのである。地球を圧迫する三つの要因、すなわち所得格差・経済成長・人口増加が環境悪化要因とからみあい、問題の解決をますます困難で緊急に対処しなければならない局面を作り出している。「地球の環境収容能力」という生態学の概念で迫り来る地球の限界を解説しなければならなくなってきた。世界の政治・経済が「生態学的環境の悪化」すなわち「生命環境の悪化」と深く関連していることが動かしがたい事実になってきたのである。したがって、今後二一世紀に向けて世界は単なる自然保護という観点からだけではなくて、もっと広い視野からこの問題に取り組まざるをえないのである。

変わらない日本の現状

振り返ると、日本では貧困や人口増加ではなくて、第三番目の要因が極めて大きな問題である。世界の人口のわずか二%が不釣り合いなほど世界のエネルギー・食糧・鉱物資源を浪費している。たとえば主要先進諸国の中で食糧自給率が最低であることは、この裏返しとして理解される。つまり、日本国民の食べ物のわずか四〇%（二〇〇〇年度＝「農業白書」二〇〇一年版）しか自給していないのである。フランス一四三%、アメリカ一一三%をはじめとしてドイツ・イギリス等も自国の食糧はできるだけ国内生産でまかなおうと努力している。世界で生産されるエビの何割を日本人が食べているかあなたはご存じだろうか。単に戦略物資として食糧を自給せよ、とか言うのではなく、米に関しては基本的に自給できる生産力を持つわが国が経済力で輸入を続けていってよいのか考えてみるべきではないだろうか。猫の目行政と呼ばれて久しいわが国の農林省の責任とか、都市に人口を集中させて効率化を目指した大資本や経済優先の通産省の責任などをあげつらっても、農村を始め山村・漁村に人は戻ってこないのである。

また、日本全国津々浦々数百メートルおきに必ず設置されている何百万台かの自動販売機が年間どれほどの電気エネルギーを消費しているのか、考えてもみてください。あるいはどうして莫大なエネルギーを使用して炎天下で冷えた清涼飲料水を供給しなければならないのか。単に便利だからといってすまされる問題ではないはずである。その上国民の健康の面から、捨てられている空き缶の処理の点から、景観上の観点から、といろいろな面での無駄遣いについて考えてみる必要がないだろうか。資源がない国であるから付加価値の高い製品を世界各国に輸出しなければ生きてゆけないと訴えたいのなら、今述べたような資源とエネルギーの無駄遣いを最小限に抑える努力をすべきではなかろうか。米に関して言えば、若者が喜んで働ける農村環境が、あるいは山村環境が整備されねばならないはずである。エネルギーの無駄遣いについて言えば、アルミ缶とスチール缶の分別・空き缶のデポジット制の導入・飲料水等の容器の統一等枚挙にいとまがないほど改善の余地がある。これらの提案は何も目新しいことではなくて以前から指摘されてきたことである。今すぐに実行すればよろしい。なぜそうしないのか。わが国の製造者責任法（いわゆるＰＬ法）に問題があるのは事実であるが、私は問題は国民の意識にあると考えている。一人一人が政治を、社会を変えようとしないからである。あるいはそのような教育を受けたためであろうか。もしそうならわが国の教育に問題点があると言えるのではないか。

阪神淡路大震災が明示した日本の欠陥

一九九五年一月一七日の午前五時四六分に神戸と淡路島を震源とした阪神淡路大震災が起こったことは記憶に新しい。あの時多くの人は最初何が起こったのかほとんど理解できなかった。しかし、すぐに発達したマスコミュニケーションが皮肉にも全く命に別状がなかった人々に燃えさかる町並みや崩壊した家屋の映像をテレビ画面を通して送り出していた。しかし注意しなければならないことは、現場にいれば否でも応でも目にしたはずの死者の姿や臭いは全く映像では映し出されていなかったことである。悲惨な状況で苦しんでいる人間の姿がそれを映し出すべき人々の善意（?）によって画面からかき消されていたのである。現場の人々は決死の形相で互いに力の限りを尽くして互いの生命を助けようともがいていた。まさに日本国民の生命と財産が壊滅的打撃を受けていたのである。これに対して国および地方公共団体の長たる人々は何を考えてどんな行動を取られたのか。よく考えてみようではないか。前例がないとか、連絡がついていないとか、情報がないとかあらんかぎりの言い訳が考えられていたのである。個人個人の行動力・機転・知恵といったレベルでしか緊急の事態には有効性を発揮しえなかった日本。科学技術の最も進んだ先進諸国の一つであるわが国にはヘリコプターがないのかと外国の人々に思わせた日本。この天災を境にして今まで隠された日本の非人間的側面があからさまになったことは、喜ぶべきことなのか？

「人間を幸福にしない日本というシステム」を書いたドイツ人記者ウォルフレンが指摘したように、わが国には何か大切なものがすっぽりと抜け落ちていたのである。ヘリコプターが出動できなかった理由、自衛隊が出動に遅れた理由、警察・消防が対処できなかった理由が死者が確定してから懇切丁寧にテレビで説明された。まるで遅れたのは誰にも責任がなかったかのようにに。しかし日本はこんな程度の社会だということが誰の目にもはっきりと映し出されてしまった。科学技術は最先端でも人間教育はできていなかったのである。国家が危機管理できていなかった面はもちろんであろうが、問題はハードではなくてソフト。つまり社会に責任を持つべき、上に立つ人間が何をすべきか判断できない社会に成り下がっていたのである。人命という、何物にもかえがたい地球よりも重いといわれた大切なものが、阪神大震災という名がつけられた人災で失われたのである。これも日本の何が悪いのであろうか。責任を明確に取る勇気と同じく、これからは真に生命を大切にする教育が求められるのではないだろうか。

森を自分の足で歩き、命を感じる心を養う

二一世紀の教育に大切なものはいくつか挙げられるが、その一つに地球環境問題がある。しかし地球全体のことを考える前に、まず日本のことを考えてみよう。わが国の自然環境は五〇

年前と比べていや三〇年前と比べても劇的といってよいほど変貌してきている。まずはこの点をしっかりと知ること。具体的にはリゾート開発・河川の改修・海岸の護岸・電源開発・農業用水および砂防目的のダムの建設等、母なる自然環境を思いのままに改造してしまった。何のために？　自分たちの生活が便利になるように、という言い訳をもってして現場で何が行われたか。その結果、生き物たちに何が起こったかを知ろうともしない人々を作り上げた。日本列島の自然環境はさまざまな生き物たちにとって実に劣悪な環境になってきている。人間だけではなくて生き物すべてがどのような生態系を必要としているのか知る必要がある。

たとえば日本の森林を見てみよう。そこには現代物質文明の持つさまざまな問題が露呈している。一方的にはぎ取られた山肌と杉と檜のみからなる単純な森林の造成は、母なる複雑で多様性に富んだ自然環境とは異質なものである。相互に依存しあい初めて本当の生命環境が成立するのである。あるいは森について単なるレジャーランドとしか考えていない都市住民と、森林の持つさまざまな役割を何世代にも渡り黙々と守り続けてきた山の民との接点が切れている。二重三重に錯綜した政策により、いま日本の山に起きていることに目をふさがれている現実がある。

私は言いたい。あなたは森を自分の足で歩いたことがありますか、と。一度でよいから本物の森を見てほしいのである。たとえば、京都女子学園の所有するわずか約二四ヘクタールの尾越山林にも約四〇〇種類もの植物と八〇〇種以上の甲虫と七五種類の野鳥が一八種類の両生類プラス爬虫類と四種類の魚類とが生息しているのである。したがって、〈400×800×75×18×4＝1,728,000,000〉通りもの関係が考えられる。この他にもまだ調査の済んでいない数知れない菌類や微生物が生きているから、実に複雑な生態系ができ上がり到底従来の自然科学では把握・理解することが困難であることがわかる。しかし、このようにしなくても一回でもよいから京女の森に出かければたちどころに数多くの生命の息吹を体感できることは言うまでもないであろう。単なる机上の知識では森は救えない。そして、歴史が教えているように、森を救えない文明は滅びるしかないのである。

私はこれからの教育ではきちんと現実の日本の姿を教えなければならないと考えている。その際大切なのは単なる体系化された知識だけではなくて、命を感じる心を養う教育が必要であろう。自然科学の発達に目を奪われるのではなくて、それをいかにコントロールするかを学ぶべきである。ロゴスを司る左脳の働きだけではコンピューターに負けてしまう。パトスを働かせる右脳の訓練を芸術教育や宗教教育を通して行うことがバランスの取れた人間を育て上げることになる。二〇世紀は確かにすばらしい科学技術の発展がみられたが、見方をかえると戦争という人間が持つ恐ろしい破壊欲望から逃れられなかった世紀ということもできるのではないだろうか。もちろんこれからは学校教育だけに責任を負わせてはならない、地域教育と家庭教育の三つが鼎《かなえ》のようにお互いをおぎないあいながらまた相互に連携してゆかなければならない。

環境教育は生命教育でなければならないのである。精神教育としての宗教教育により、使い方によっては人間を不幸にする自然科学の持つ側面を解毒してゆくことが大切である。

もともと宗教と科学は対立するものではなかったはずである。歴史的にみればこの不幸な対立は近年発生したもののようにみえる。文字を有した地中海文明とそれから発展した西洋物質文明。それとは異質な中国文明。この両方が融和・共存していける世界が二一世紀に求められている。その意味では両方の文明を媒介し吸収した日本が「仲人」的機能を発揮して新しい文明を創造してゆくことが期待される。

したがって、これからの日本の教育は真に生命を大切にして行動する日本人を育ててゆくことが要《かなめ》であると思うのである。このような「生命環境教育」により品格と徳を備えた日本人がきたるべき二一世紀をリードしてほしいものである。

参考文献

第一章　京女の森の四季
北村昌美『森を知ろう、森を楽しもう』（小学館ライブラリ、一九九四年）
藤森隆郎『森との共生』（丸善ライブラリ、二〇〇〇年）
石川徹也『日本の自然保護』（平凡社新書、二〇〇一年）
森誠一編『保全環境学の理論と実践Ⅱ』（信山社サイテック、二〇〇二年）
河野昭一「特集　二一世紀の環境教育を考える」（京都女子大学『自然科学論叢32』9—10、一九九九年）
富山和子『水と緑の国、日本』（講談社、一九九八年）

第二章　尾越の歴史と自然
1、尾越・大見の歴史と伝承
綱本逸雄「日本海要素が見られる京女の森—尾越・大見の歴史と伝承」（第六回環日本海アカデミック・フォーラム案内、二〇〇一年）
旧京都府愛宕郡役所編著『旧京都府愛宕郡村志』（一九一一年）
金久昌業（一九七八）『北山の峠（上）』（ナカニシヤ出版、一九七八年）
鈴木元・綱本逸雄『ベスト・ハイク　京滋の山』（かもがわ出版、一九九〇年）
2、尾越周辺の地形と地質
武蔵野實・宮野純次・高桑進「京都市左京区尾越付近の地質について」（京都女子大学『自然科学論叢27』47—54、一九九五年）
武蔵野實「尾越の地質」（『尾越のいのち—尾越山林環境調査報告書』42—48、京都女子大学・京都女子大学

短期大学部編、京都女子学園発行、一九九五年)
副蔦義弘・小橋澄治『気象・水象　八丁平環境調査報告書』(京都市経済局、一九八五年)
3、京女の森の気象について
高桑進・宮野純次「尾越の気象」(『尾越のいのち—尾越山林環境調査報告書』38—40、以下同前)
4、京女の森の菌類について
吉見昭一「尾越山林地域のキノコ類」(『尾越のいのち—尾越山林環境調査報告書』49—55、以下同前)
今関六也・大谷吉雄・本郷次雄『日本のきのこ』(山と渓谷社、一九八八年)
吉見昭一・高山栄『京都のキノコ図鑑』(京都新聞社、一九八六年)
本郷次雄『山渓フィールドブックス　きのこ』(山と渓谷社、一九九八年)
5、京女の森の植物について
米沢信道・宮野純次・高桑進「尾越の植物相と群落」(京都女子大学『自然科学論叢26』51—76、一九九四年)
米沢信道「尾越の森と植物」(『尾越のいのち—尾越山林環境調査報告書』56—63、以下同前)
京都市経済局『八丁平環境調査報告書』(京都市、一九八五年)
京都府植物分布図集刊行委員会編『丹波広域基幹林道計画ルート沿線の片波川源流域山系に関する自然・生物相の緊急調査リポート(その1)』(一九九三年)
松井正文『カエル—水辺の隣人』(中央公論新社、二〇〇二年)
6、尾越周辺の動物について
小島一介・宮野純次・高桑進「尾越山林地域における両生類、爬虫類および魚類について」(『自然科学論叢27』25—33、一九九五年)
八木昭・高桑進・宮野純次「尾越山林地域の鳥類について」(京都女子大学『自然科学論叢27』35—46、一九九五年)

渡辺茂樹・高桑進・宮野純次「尾越地域の哺乳類について」（京都女子大学『自然科学論叢28』39―47、一九九五年）
渡辺茂樹・青井俊樹・高桑進「ニホンイタチとシベリアイタチの毛の表面構造の比較」（京都女子大学『自然科学論叢32』87―90、二〇〇〇年）

7、尾越周辺の昆虫について

高桑進・宮野純次・高橋敞「尾越地域の甲虫について」（京都女子大学『自然科学論叢24』17―38、一九九二年）
高橋敞「尾越の甲虫（付　尾越の蝶）」（『尾越のいのち―尾越山林環境調査報告書』135―155、以下同前）
高桑進・宮野純次・高橋敞「尾越地域の甲虫について」（京都女子大学『自然科学論叢28』55―63、一九九六年）
青柳正人・高桑進・宮野純次「尾越地域の水生甲虫について」（京都女子大学『自然科学論叢32』81―86、二〇〇〇年）
黒沢良彦・渡辺泰明『山渓フィールドブックス　甲虫』（山と渓谷社、一九九七年）
白水隆・黒子浩『蝶・蛾』（保育社、一九九六年）
奥本大三郎・岡田朝雄『楽しい昆虫採集』（草思社、一九九一年）
谷幸三『水生昆虫の観察』（トンボ出版、二〇〇一年）
井上清・谷幸三『トンボのすべて』（トンボ出版、一九九九年）
日本環境動物昆虫学会編『チョウの調べ方』（文教出版、一九九八年）
猪又敏雄編『山渓フィールドブックス　蝶』（山と渓谷社、一九九五年）

初出一覧

一章　京女の森の四季

『京都女子大学通信』51号（一九九四年一〇月）から74号（二〇〇二年六月）までに「尾越の生き物達」として連載したものを大幅に加筆・修正した。

三章　生命環境教育のすすめ

1、京女の森で環境教育を

『尾越のいのち―尾越山林環境調査報告書』（京都女子大学・京都女子大学短期大学部編、京都女子学園発行、一九九五年）

2、自然と科学と宗教と

『芬陀利華（ふんだりけ）』（京都女子大学・京都女子大学短期大学部宗教部発行、一九九〇年一月一二日付）

3、生命環境教育のすすめ

『芬陀利華（ふんだりけ）』（京都女子大学・京都女子大学短期大学部宗教部発行、一九九五年六月一五日付）

おわりに

この本は「京女の森」という京都市内に残された小さな森との出合いがきっかけで生み出された。そして、心優しい女子大生と、調査に協力を惜しまれなかった専門家の方々に心から感謝したい。

一九九〇（平成二）年から始めた京女の森の環境調査は、実に素晴らしい仲間に恵まれ楽しく進めることができた。九五（平成七）年までの五年間、ほとんど毎月少なくとも二回は尾越の森（当時はそう呼んでいた）へ信頼できるパートナーである宮野純次氏と出かけていた。当時は舗装されていなかった山道のために、帰ってくると自家用車は泥まみれとなった。しかし、そんなことはまったく気にはならなかった。植物をはじめとして、地質、野鳥、昆虫、野生動物等、各分野の専門家と同行しての一泊二日の調査活動が楽しくてしょうがなかったからである。参加した女子学生たちも素晴らしい専門家と一緒の調査に眼を輝かせていたことが懐かしく思い出される。

彼女たちも教室では決して学べない、本物のいのちとの触れあいを通じて、いのちの不思議を体験することができたと思う。時には疲れるこの一泊二日の調査に何回も参加してくれる常連の学生もいた。彼女たちは農学部や理学部の学生ではない。日本の大学生の過半数を占めている私立文化系の一般学生たちである。このような一般学生たちは森に入ると、教室で見せた姿とは全く違う生き生きとした行動を見せてくれる。調査のため森に分け入ることで、日常生活では見たこともないいろいろな生き物や、清浄な大気、冷たく美味しい水と触れあうことで、学生の心が開かれるのである。この環境調査活動を通じて、生命環境教育の実践には専門家や地域の人々との協力が必要であることを学んだ。そして、森の持つ力がいかに学生に大きな影響を与えるかも実感した。森に見られる本物の自然は人間の内なる自然を目覚めさせ、失われた感性を回復させる力があることを確信したのである。

京女の森は確かに関西の原生林と呼ばれる芦生の森のように広くはないし、高層湿原である八丁平のような特別な自然環境でもない。しかし、狭い山域は子どもたちが自然観察するには好都合な点がいくつもある。たとえば、荒谷のルートでは沢筋でミズナラ、カエデ等の植物をはじめとして、野鳥、蝶、水生昆虫、菌類をはじめ野生動物の生態を容易に観察できる。乾燥した尾根道である二ノ谷尾根ルートを歩けば、アカマツの大木、アシビ、ネジキ、タムシバ等の天然林とスギやヒノキだけの人工林の違いを簡単に比較観察できる。この尾根道は峰床山への登山道であり、よく整備されているので歩きやすい。そして、第三のルートであるナメラ林道沿いにはクマイチゴ、クロモジ、カナクギノキ、サルトリイバラをはじめ、クマシデ、イヌブナ、ミズナラが手が届く場所に生育している。また、荒谷上部を走る林道沿いには、ブナや樹齢千年をこえるアシウスギの姿を間近に観察できるのである。

このような狭いながらも、変化に富んだ植生や自然環境を間近に観察できる山域は京都北山にもそうそうはないだろう。京女の森が森林を利用した環境教育に最適である理由は、このように谷コース、尾根コース、林道コースが短時間に利用できる点である。広いだけでは歩くのに時間がかかり観察者自身が疲れて、じっくりと自然を観察する時間がとれないからである。したがって、京女の森の狭さは短所でなくて長所となるのである。さらに、この地域は奈良時代から古い歴史を秘めた隠れ里でもある。長い歴史と伝承の山里、森と人とのかかわりの歴史や森の文化を学ぶ上でも素晴らしい地域環境である。

なにはともあれ、自然の中に出かけて歩き回り、人以外の生物の多様性や不思議な生態に触れることで、日本の自然環境の素晴らしさと失われつつある人間らしい感性を取り戻してほしいと念願している。この本がそうした活動のお役に立てば大変嬉しい。

第二章で紹介した京女の森環境調査に協力頂いた以下の方々に改めて感謝します（敬称略）。
植物担当：米澤信道、地質担当：武蔵野實、菌類担当：吉見昭一・小寺祐三、甲虫担当：高橋畝、水生昆虫担当：青柳正人、両生類・爬虫類・魚類担当：小島一介、野鳥担当：八木昭、哺乳類担当：渡辺茂樹。

左から宮野純次氏、著者、渡辺茂樹氏、米澤信道氏

このなかで、特に当時京都市動物園の学芸員をされていた今は亡き小島一介さんには深く感謝したい。小島一介さんを中心にした人脈があればこそできた調査活動である。また、調査当初には龍谷大学の好廣真一氏にもご協力いただいた。本書の素晴らしいキノコ写真を撮影されたのはアマチュアのキノコ研究者である小寺祐三氏である。また、龍谷大学の江南和幸先生は素晴らしい植物のスケッチを描いてくださった。自然写真家の大島和男氏、加藤忠夫氏、森田恒彦氏にもいろいろな情報を教えていただいた。甲南高校の恩地実氏と京都大学農学部の真鍋昇先生にはネズミ罠でお世話になった。これらの方々にも改めて御礼申し上げる。

そして、当時着任したばかりの新任教員で、ドイツにおける環境教育や理科教育が専門である宮野純次氏との二人三脚がなければ、このような総合的な調査を遂行することはできなかった。喜んで協力して頂いたことに改めて感謝する。そして、この調査活動を当初から支援して頂いた京都女子学園の事務局長である芝原玄記氏と、故岩城操先生には心より感謝いたします。

また、当時の京都市林業振興課の港井大八郎課長や三嶋陽治、坂本文洋さんをはじめ、久多の大屋林平さんや上中隆美さん、葛川の森奇昭二さんにも大変お世話になった。改めてこれらの方々にも深く感謝いたします。

最後に、いうまでもなくこの調査活動の推進力は若い女子学生の力であった。名前は割愛させて頂くが、五年間で一二〇名もの女子学生が、時には決して楽ではなかった野外調査に自発的に参加してくれたからである。これらの若者たちがこの京女の森で体験したいのちとの触れあいは、必ずや何らかの形で一人一人の人生に役立っているであろうと信じて疑わない。

出版に当たりナカニシヤ出版社長中西建夫氏に、編集ではワークスAの横山八十一氏に大変お世話になったことを感謝します。

京女の森　案内人　高桑　進

京女の森のきのこリスト

子のう菌類　ASCOMYCOTINA
　オストロパ目　OSTOOPACEAE
　　テングノメシガイ科　Geoglossaceae
　　　テングノメシガイ　*Trichoglossun hirsatum* (Pers.:Fr.) Boud. f. hirsatum
　　　ヒメカンムリタケ　*Mitnela*
　ビョウタケ目　HELOTIALES
　　ズキンタケ科　Leotiaceae
　　　ロクショウグサレキン　*Chlorociboria aenruginosa* (Fr.) Seaver ex Ram.
　　　ロクショウグサレキンモドキ　*Chlorociboria aenruginosa* (Fnyl.) Kanouse ex Ram. et all
　　　モエギビョウタケ　*Bisporella sulfurina* (Quel) Carp.
　　　ニセキンカクアカビョウタケ　*Dicephalospoora rufocornea*
　　　クロハナビラタケ　*Cordierites grondosa* (Kobayasi) Kolf
　チャワンタケ目　PEZIZALES
　　ベニチャワンタケ科　Sarcoscyphaceae
　　　ミミブサタケ　*Wynnea gigantea* Berk. et Curt.
　　　ノボリリュウタケ科　Hrlvellaceae
　　　アシボソノボリリユウタケ　*Helvella elastica Bull.* : Fr.
　　ピロネマキン科　Pyronemataceae
　　　アラゲコベニチャワンタケ　*Scutellinia scutellata* (L.) Lambotte
　バッカクキン目　CLAVICIPITALES
　　バッカクキン科　Clavicipitaceae
　　　カメムシタケ　*Cordyceps nutans* Pat.
　　　コサナギタケ　*Isaria farinose* (Dick.) Fr.
　ニクザキン目　HYPOCREAKES
　　ヒポミケスキン科　Hypomycetaceae
　　　タケリタケ　*Hypomyces Sp.*
　クロサイワイタケ目　XYLARIALES
　　クロサイワイタケ科　Xylariaceae
　　　マメザヤタケ　*Xylaria polymorpha* (Pers.) Grev.
　　　ホソツクシタケ　*Xylaria carpophila* (Pers.) Fr.
　　　スギノフデタケ（仮）　*Xylaria sp.*

担子菌類　BASIDIOMYCOTINA
　キクラゲ目　AURICULARIAKES
　　ヒメキクラゲ科　Exidiaceae
　　　ニカワハリタケ　*Pseudohydnum gelatinosum* (Scop. : Fr.) Karst.
　アカキクラゲ目　DACRYMYCETALES
　　アカキクラゲ科　Dacrymycetaceae
　　　ツノマタタケ　*Guepinia spathularia* (Schw.) Fr.
　　　ニカワホウキタケ　*Calocera viscosa* (Pers. : Fr.)
　ヒダナシタケ目　APHYLLOPHORALES
　　ラッパタケ科　Gomphaceae

ウスタケ　*Gomphus floccosus* (Schw.) Sing.
シロソウメンタケ科　Clavariaceae
ムラサキナギナタタケ　*Clavaria purpurea* Muell. : Fr.
シロソウメンタケ　*Clavaria vermicularis* Swartz : Fr.
ムラサキホウキタケ　*Clavaria zollingeri* Lev.
ベニナギナタタケ　*Clavulinopsis miyaneana* (S. Ito) S. Ito
シロヒメホウキタケ　*Ramariopsis kunzei* (Fr.) Donk
ナギナタタケ　*Clavulinopsis fusiformis* (Fr.) Corner
カレエダタケ科　Claculinaceae
ムラサキホウキタケモドキ　*Clavlina amethystinoides* (Peck) Corner
カレエダタケ　*Clavlina cristata* (Fr.) Schroet.
フサヒメホウキタケ科　Clacicoronaceae
フサヒメホウキタケ　*Clavicorona pyxidata* (Fr.) Dot
ホウキタケ科　Ramariaceae
ホウキタケ　*Ramaria botrytis* (Pers.) Ricken
キホウキタケ　*Ramaria flava* (Fr.) Quél.
コウヤクタケ科　Corticiaceae
カミカワタケ　*Phlebiopsis gigantea* (Fr.) Jül.
イボタケ科　Thelephoraceae
ボタンイボタケ　*Thelephora aurantiotincta* Corner
ニンギョウタケモドキ科　Scutigeraceae
コウモリタケ　*Albatrellus dospansus* (Lloyd) Canf. et Gilbn.
タコウキン科　Polyporaceae
アシグロタケ　*Polyporellus badius* (Pers. : S. F. Gray) Imaz.
マスタケ　*Laetiporus sulphureus* (Fr.) Murrill var. miniatus
アオゾメタケ　*Oligoporus caesius* (Schgrad. : Fr.) Gilbn. et Ryv.
カイメンタケ　*Phaeolus schweinitzii* (Fr.) Pat.
カワラタケ　*Coriolus versicolor* (L. : Fr.) Quél.
ウスバシハイタケ　*Trichaptum fuscoviolaceum* (Fr.) Ryv.
エゴノキタケ　*Doedaleopsis tricolor* (Bull. : Fr.) Bond. et Sing.
ニッケイタケ　*Coltricia cinnamomea* (Pers.) Murr.
ヒイロタケ　*Pycnoporus coccineus* (Fr.) Bondey Sing.
オシロイタケ　*Oligoporus tephroleucus* (Fr.) Gilbn. et Ryv.
ヒラフスベ　*Laetiporus versisporus* (Lloyd) Imaz.
シロカイメンタケ　*Tyromyces sambuceus* (Lloyd) Imaz.
タバコウロコタケ科　Hymenochaceae
ダイダイタケ　*Inonotus xeranticus* (Berk.) Imaz. et Aoshi.
ハラタケ目　AGARICALES
ヒラタケ科　Pleurotaceae
ウスヒラタケ　*Pleurotus pulmonarius* (Fr.) Quél.
シイタケ　*Lentinus edodes* (Berk) Sing.
ヌメリガサ科　Hygrophoraceae
トガリベニヤマタケ　*Hygroctbe cuspidate* (Peck) Murrill
アカヤマタケ　*Hygrocybe conica* (Scop. : Fr.)
アキヤマタケ　*Hygrocybe flavescens* (Kauffm.) Sing.
ベニヤマタケ　*Hygrocybe coccinea* (Schaeff. : Fr.) Kummer

ワカクサタケ　*Hygrocybe psiittacina* (Schaeff. : Fr.) Wünsche
アケボノタケ　*Hygrocybe amoena* (Lark) Ricken

キシメジ科　Tricholomataceae

ハタケシメジ　*Lyophyllum dedcastes* (Fr. : Fr.)
ヒメキツネタケ　*Laccaria laccataf. Iminuta mai*
キツネタケ　*Laccaria laccata* (Scop. : Fr.) Berrk et Br.
カヤタケ属　Clitocybe sp.
コカブイヌシメジ　*Clitocybe fragrans* (With. : Fr.) Kummer
ウラムラサキ　*Laccaria amethystea* (Bull.) Murr.
サマツモドキ　*Tricholomopsis rutilans* (Schaeff. : Fr.) Sing.
シロシメジ近縁種　Tricholoma sp.
ヒナノヒガサ　*Gerronema fibula* (Bull. : Frr) Sing.
スギヒラタケ　*Pleurocybella porrigens* (Pers. : Fr.) Sing.
クロサカズキシメジ　*Pseudoclitocybe cyaghiformis* (Bull. : Fr.) Sing.
モリノカレバタケ　*Collybia dryophila* (Bull. : Fr.) Kummer
アカアザタケ　*Collybia maculata* (Alb. et Schw. : Fr.) Quél.
エセオリミキ　*Collybia butyracea* (Bull. : Fr.) Quél.
ワサビカレバタケ　*Collybia peronata* (Bolt. : Fr.) Kummer
アマタケ　*Collybia confluens* (Pers. : Fr.) Kummer
ヒノキオチバタケ　*Marasmiellus chamaecyparidis* (Hongo) Hongo
シロヒメホウライタケ　*Marasmiellus rotula* (Scop. : Fr.) Fr.,
アシグロホウライタケ　*Marasmiellus nigripes* (Schw.) Sing.
ムキタケ　*Panellus serotinus* (Pers. : Fr.) Kühn.
ワサビタケ　*Panellus stypticus* (Bull. : Fr.) Larst.
ヒロヒダタケ　*Oudemansiellaplatyphylla* (Pers. : Fr.) Moserin
ビロードツエタケ　*Oudemansiella pudens* (Pers.) Pegler
ツエタケ　*Oudemansiella radicata* (Relhan : Fr.) Sing.
スギエダタケ　*Strobilurus ohshimae* (Hongo et Masuda) Hongo
ウマノケタケ　*Marasmius crinisequi F.* Müll. ex Kalchbr.
ヒメホウライタケ　*Marasmius graminum* (Lib.) Berk.
ハナオチバタケ　*Marasmius pulcherriepes* Peck
ニセホウライタケ　*Criniellis stinipellis stipitaria* (Fr.) Pat.
アシナガタケ　*Mycena polygramma* (Bull. : Fr.) S. F. Gray
クヌギタケ　*Mycena galericulata* (Scop. : Fr.) S. F. Gray
チシオタケ　*Mycena haematopoda* (Pers. : Fr.) Kummer
ニオイアシナガタケ　*Mycena amygdalina* (Pers.) Sing.
サクラタケ　*Mycena pura* (Pers. : Fr.) Kummer
ヌナワタケ　*Mycena rorida* (Scop. : Fr) Quél.
ヒメカバイロタケ　*Xeromphalina campanella* (Battsch : Fr.) Maire
キチャホウライタケ　*Xeromphalina cauticinalis* (Fr.) Kühn. et Mre.
ダイダイガサ　*Cyptotrama asprata* (Berk.) Redhead et Ginns

テングタケ科　Amanitaceae

ヒメコガネツルタケ　*Amanita melleiceps* Hongo
カバイロツルタケ　*Amanita vaginata* (Bull. : Fr.) Vitt. var. fulva
カブラテングタケ　*Amanita gymnopus* Corner et Bas
ハイカグラテングタケ　*Amanita*. sp.

ツルタケ　*Amanita vaginata* (Bull. : Fr.) Vitt. var. vaginata
ウラベニガサ科　Pluteaceae
ウラベニガサ　*Pulteus atricapillus* (Batsch) Fayod
ハラタケ科　Coprinaceae
ナカグロヒメカラカサタケ　*Lepiota praetervisa* Hongo
ヒトヨタケ科　Coprinaceae
イタチタケ　*Psathyrella candolliana* (Fr. : Fr.) Maire
オキナタケ科　Bolbitaceae
ツバナシフミズキタケ　*Agrocybe farinaceae* Hongo
コガサタケ　*Conocybe tenera* (Schaeff. : Fr.) Fayod
モエギタケ科　Strophariaceae
クリタケ　*Naematoloma sublateritium* (Fr.) Karst.
ニガクリタケ　*Naematoloma fasciculare* (Hudson : Fr.) Karst.
ヒカゲシビレタケ　*Psilocybe argentipes* K. Yokoyama
チャナメツムタケ　*Pholiota lubrica* (Pers. : Fr.) Sing.
フウセンタケ科　Cortinariaceae
アセタケ属　Inocybe sp
サザナミツバフウセンタケ　*Cortinarius bovinus* Fr.
フジイロタケモドキ　*Cortinarius variecolor* (Pers. : Fr) Fr.
チャツムタケ　*Gymnopilus liquiritiae* (Pers. : Fr) Karst.
ケコガサタケ　*Galerina vittaeformis* (Fr.) Sing.,
チャヒラタケ科　Ciepidotaceae
チャヒラタケ　*Crepidotus mollis* (Schaeff. : Fr.) Kummer
クリゲノチャヒラタケ　*Crepidotus badiofloccosus* Imai
イッポンシメジ科　Rhodophyllaceae
キヌモミウラタケ　*Rhodophyllus sericellus* (Bull. : Fr.) Quél.
ミイノモミウラモドキ　*Rhodophyllus staurosporus* (Bres.) J. Lange
キイボガサタケ　*Rhodophyllus murraii* (Berk. et Curt.) Sing.
シロイボガサタケ　*Rhodophyllus murraii* (Berk. et Curt.) Sing. f. albus (Hiroa) Hongo
トガリウラベニタケ　*Rhodophyllus acutoconicus* Hongo
コムラサキイッポンシメジ　*Rhodophyllus violaceus* (Murr.) Sing.
コンイロイッポンシメジ　*Rhodophyllus cyanoniger* (Hongo) Hongo
ヒメコンイロイッポンシメジ　*Rhodophyllus coelestinus* (Fr.) Quél. Violaceus (Kauffm.) A. H. Smith
ヒダハタケ科　Paxillaceae
ニワタケ　*Paxillus atrotomentosus* (Batsch : Fr.) Fr.
サケバタケ　*Paxillus curtisii* Berk. in Berk. et Cut.
オウギタケ科　Gomphidiaceae
オウギタケ　*Gomphidius roseus* (Fr.) Karst.
イグチ科　Boletaceae
アミタケ　*Suillus bovinus* (L. : Fr.) O. Kuntze
アワタケ　*Xerocomus subtomentosus* (L. : Fr.) Quél.
ヤマドリタケモドキ　*Boletus reticulatus* Schaeff.
アシベニイグチ　*Boletus calopus* Pers. : Fr.
キアミアシイグチ　*Boletus ornatipes* Peck

アメリカウラベニイロガワリ　*Boletus subvelutipes* Peck
ニセアシベニイグチ　*Boletus pseudocalopus* Hongo
ニガイグチモドキ　*Tylopilus neofelleus* Hongo
ホオベニシロアシイグチ　*Tylopilus valens*(Cornr) Hongo et Nagasawa
ベニイグチ　*Heimiella japonica* Hongo
ヤマイグチ属　Leccinum sp.
オニイグチ科　Strobilomycetaceae
オニイグチ　*Strobilomhyces strobilaceus* (Scop. : Fr.) Berk.
アシナガイグチ　*Boletellus elatus* Nagasaw
ベニタケ科　Russulaceae
ベニタケ属　Russula sp.
カワリハツ　*Russula cyanoxantha* (sxhaeff). Fr.
チギレハツタケ　*Russula vesca* Fr.
ヒビワレシロハツ　*Russula alboareolata* Hongo
ドクベニタケ　*Russula emetica* (Schaeff. : Fr.) S. F. Gray
カラムラサキハツ　*Russula omiensis* Hongo
ウスムラサキハツ　*Russula lilacea* Quél.
ツギハギハツ　*Russula eburneoareolata*
ヤブレベニタケ　*Russula rosacea* (Pers.) S. F. Gray
キチチタケ　*Lactarius chrysorrheus* Fr.
ニセヒメチチタケ　*Lactarius camphoratus* (Bull. : Fr.) Fr.
ウスズミチチタケ　*Lsctarius fuliginosus* (Fr.) Fr.

腹菌類　GASTEROMYCETIDAE
ニセショウロ目　SCLERODERMATALES
ニセショウロ科　Sclerodermataceae
アミメニセショウロ　*Scleroderma dictyosporum* Pat.
コニセショウロ　*Sclerodermareae* Güzman
チャダイゴケ目　NIDULARIALES
チャダイゴケ科　Nidulariaceae
ツネノチャダイゴケ　*Crucibulum laeve (Huds ex Relh.)* Kambly
コチャダイゴケ　*Nidula niveo-tomentosa* (P. Henn.) Lloyd
ルツボチャダイゴケ　*Nidula candida* (Peck) Whit
ホコリタケ目　LYCOPERDALES
ホコリタケ科　Lycoperdaceae
ホコリタケ（キツネノチャブクロ）　*Lycoperdon perlatum* Pers.: Pers.
タヌキノチャブクロ　*Lycoperdon pyriforme* Schaeff. : Pers.
スッポンタケ目　PHALLALES
アカカゴタケ科　Clathraceae
サンコタケ　*Pseudocolus schellenbergiae* (Sumst.) Jonson
スッポンタケ科　Phallaceae
キツネノエフデ　*Mutinus bambusinus* (Zoll.) Fisch.
スッポンタケ　*Phallus impudicus L.* : Pers.

以上13目、42科、160種を確認した。

京女の森の両生類、爬虫類、魚類リスト

現認種（◎)、分布確認可能な種（○)、分布していないと思われる種（×)

両生綱　Amphibia
　サンショウウオ目　Caudata
　　サンショウウオ科　Hynobiidae
　　　◎ヒダサンショウウオ　*Hynobus naevius*
　　　○ハコネサンショウウオ　*Onychodactylus tschudi*
　　オオサンショウウオ科　Cryptobranchidae
　　　×オオサンショウウオ　*Megalobratrachus japonicus*
　　イモリ科　Salamandridae
　　　◎イモリ　*Cynops pyrrhogaster*
　カエル目　Salientia
　　ヒキガエル科　Bufonidae
　　　◎アズマヒキガエル　*Bufo bufo formosus*
　　アマガエル科　Hylidae
　　　◎アマガエル　*Hyla arborea japonica*
　　アカガエル科　Ranidae
　　　◎タゴガエル　*Rana tagoi*
　　　◎ヤマアカガエル　*R. amatirentri*
　　　◎ツチガエル　*R. rugosa*
　　アオガエル科　Rhacophoridae
　　　◎モリアオガエル　*Rhacophrus arboreus*
　　　◎カジカガエル　*Buergeria buergeri*
爬虫綱　Reptilia
　カメ目　Testudinata
　　カメ科　Testudinidae
　　　×クサガメ　*Geoclemys reevesii*
　　　×イシガメ　*Mauremys japonica*
　　　×ミナミイシガメ　*Mauremys mutica*
　　スッポン科　Trionycchidae
　　　×スッポン　*Trionyx sinensis*
　トカゲ目　Squamata
　　ヤモリ科　Gekkonidae
　　　◎ヤモリ　*Gekko japonicus*
　　トカゲ科　Scincidae
　　　◎トカゲ　*Eumeces latiscutatus*
　　カナヘビ科　Lacertidae
　　　◎カナヘビ　*Takydromus tachydromoides*
　ヘビ目　Ophidia
　　ヘビ科　Colubria
　　　◎タカチホヘビ　*Achalinus spinalis*
　　　◎シマヘビ　*Elaphe quadrigata*
　　　◎ジムグリ　*E. conspicillata*

○アオダイショウ　*E. climacophora*
◎シロマダラ　*Dinodon orientalis*
◎ヤマカガシ　*Rhabdophis tigrinus tigurinus*
クサリヘビ科　Viperidae
◎マムシ　*Agkistrodon blomhoffi*
魚類綱　Pisces
◎アブラハヤ　*Moroco steindachneri steindachneri*
◎ニッコウイワナ　*Salvelinus leucomaenis plurius*
◎アマゴ　*Oncorhynchus rhodurus macrostomus*
◎カジカ　*Cottus pollux*

京女の森とその周辺で見られる野鳥リスト

科	種名	春	夏	秋	冬	出限度	八丁平周辺
ワシタカ科	ハチクマ		△	△		2	○
	トビ	○	◎			5	○
	オオタカ			△		2	○
	ツミ			△		2	○
	ハイタカ			△		1	
	ノスリ			△		1	
	クマタカ	△	△	△		3	○
	イヌワシ			△		1	
ハヤブサ科	ハヤブサ			△		1	
キジ科	ヤマドリ	△	◎	△		5	○
ハト科」	キジバト		◎	◎	◎	8	○
	アオバト	○	○	△		5	○
ホトトギス科	ジュウイチ	△	○			3	○
	カッコウ	△	○			3	○
	ツツドリ	○	△			3	○
	ホトトギス	△	◎			7	○
ヨタカ科	ヨタカ	○	◎			6	○
アマツバメ科	ハリオアマツバメ			△		1	○
カワセミ科	カワセミ		○			2	○
キツツキ科	アオゲラ	△	◎	◎		7	○
	オオアカゲラ		△	△		2	○
	アカゲラ	△	△	○	△	5	○
	コゲラ	△	◎	◎		9	○
ツバメ科	ツバメ	△	△			2	○
	イワツバメ			△		1	
セキレイ科	キセキレイ	△	◎	○		9	○
	セグロセキレイ	△	△	△		3	○
	ビンズイ			△		1	○
ヒヨドリ科	ヒヨドリ	○	◎	◎	△	14	○
モズ科	モズ		○	○		4	○
レンジャク科	ヒレンジャク			△	△	2	○
カワガラス科	カワガラス	△	◎	○		6	○
ミソサザイ科	ミソサザイ	△	◎	○		9	○
イワヒバリ科	カヤクグリ				△	1	
コマドリ」科	コマドリ	△	△	△		3	○
	コルリ	△	△			2	○
	ルリビタキ			○	△	3	○
	トラツグミ	△				1	○

科	種名	春	夏	秋	冬	出限度	八丁平周辺
	クロツグミ	○	◎			5	○
	シロハラ			○		2	○
	マミチャジナイ			△		1	○
	ツグミ			○	△	3	○
	ヤブサメ	○	○			4	○
	ウグイス	○	◎	◎	△	14	○
	メボソムシクイ					1	○
	エゾムシクイ		△			1	
	キビタキ			△		1	○
	ムギマキ			△		1	○
	オオルリ	○	◎	△		10	○
エナガ科	エナガ		◎	◎	△	9	○
シジュウカラ科	コガラ			◎		5	○
	ヒガラ	○	◎	◎	△	14	○
	ヤマガラ	○	◎	◎	△	10	○
	シジュウカラ	○	◎	◎	△	14	○
ゴジュウカラ科	ゴジュウカラ	○	△	△		4	○
メジロ科	メジロ	○	◎	○		7	○
ホオジロ科	ホオジロ	○	◎	◎	△	14	○
	カシラダカ			○		2	○
	アオジ			○		2	
	クロジ					1	
アトリ科	アトリ			○		2	○
	カワラヒワ	△				1	
	マヒワ			△	△	2	
	ハギマシコ				△	1	
	オオマシコ				△	1	
	ウソ			△	△	2	○
	イカル		◎	◎		8	○
	シメ			○		2	
ハタオドリ科	スズメ	△	△			2	○
ムクドリ科	ムクドリ			△		1	
カラス科	カケス		◎	◎	△	12	○
	ハシボソガラス		◎	◎	△	7	○
	ハシブトガラス	○	◎	○		11	○
	種類合計	53	153	111	19	335	
	調査回数	2	7	4	1	14	
	平均種数	26	22	28	19	24	

観察回数　◎：３回以上　○：２回　△：１回

京女の森で確認された水生昆虫リスト

カゲロウ目　Ephemeroptera
　ヒラタカゲロウ科　Heptageniidae
　　エルモンヒラタカゲロウ　*Epeorus latifolium*
　　クロタニガワカゲロウ　*Ecdyonurus tobiironis*
　　マダラタニガワケゲロウ　*Ecdyonurus tigris*
　　キブネタニガワカゲロウ　*Heptagenia kihada*
　トビイロカゲロウ科
　　トビイロカゲロウ属の一種　*Paraleptophlebia* sp.
　コカゲロウ科　Baetidae
　　コカゲロウ属の一種　*Baetis* sp.
　マダラカゲロウ科　Ephemerellidae
　　ヨシノマダラカゲロウ　*Drunella cryptomeria*
　　オオマダラカゲロウ　*Drunella cryptomeria*
　　ホソバマダラカゲロウ　*Ephemerella taeniata*
　　クシゲマダラカゲロウ　*Serratella setigena*
　モンカゲロウ科　Ephemeridae
　　フタスジモンカゲロウ　*Ephemera japonica*
トンボ目　Odanata
　サナエトンボ科 Gomphidae
　　ダビドサナエ属の一種　*Davidius* sp.
　オニヤンマ科　Cordulegastridae
　　オニヤンマ　*Anotogaster sieboldii*
　ヤンマ科　Aeshnidae
　　ミルンヤンマ　*Planaeshna milnei*
　トンボ科　Libellulidae
　　アキアカネ　*Sympetrum frequens*
　　ノシメトンボ　*Sympetrum infuscatum*
カワゲラ目　Plecoptera
　オナシカワゲラ科　Nemouridae
　　オナシカワゲラ属の一種　*Nemoura* sp.
　カワゲラ科　Perlidae
　　ヒトホシクラカケカワゲラ　*Paragnetina japonica*
　　カミムラカワゲラ　*Kamimuria tibialis*
　　キベリトウゴウカワゲラ　*Togoperla limbata*
　　ジョクリモンカワゲラ　*Acronueria jouklii*
アミメカゲロウ目　Neuroptera
　ヘビトンボ科　Corydalidae
　　ヘビトンボ　*Protohermes grandis*
コウチュウ目　Coleoptera
　ヒラタドロムシ科　Psephenidae
　　マルヒラタドロムシ属の一種　*Eubrianax* sp.
ハチ目　Hymenoptera
　ヒメバチ科　Ichneumonidae

ミヤマミズバチ　*Agriotypus silvestris*
ハエ目　Diptera
ガガンボ科　Tipulidae
ガガンボ属の一種　*Tipula* sp.
ブユ科　Simuliidae
アシマダラブユ属の一種　Simulium sp.
トビケラ目　Trichoptera
ナガレトビケラ科　Rhyacophilidae
クレメンスナガレトビケラ　*Rhyacophila clemens*
ナガレトビケラ属の一種　*R. pacata*
シコツナガレトビケラ　*R. shikotsuensis*
ヤマトビケラ科　Glossosomatidae
イノプスヤマトビケラ　*Glossosoma inops*
ヤマトビケラ属の一種　*Glossosoma* sp.
ヒメトビケラ科　Hydroptilidae
ヒメトビケラ属の一種　*Hydroptila* sp.
ヒゲナガカワトビケラ科　Stenopsychidae
ヒゲナガカワトビケラ　*Stenopsyche marmorata*
カワトビケラ科　Philopotamidae
サワトビケラ属の一種　*Wormaldia* sp.
イワトビケラ科　Polycentropodidae
Nyctiophylax 属の一種　*Nyctiophylax* sp.
アミメシマトビケラ科　Arctopsychidae
シロフツヤトビケラ属の一種　*Parapsyche* sp.
シマトビケラ科　Hydropsychidae
シロズシマトビケラ　*Hydropsyche albicephala*
イカリシマトビケラ　*H. ancorapunctata*
オオヤマシマトビケラ　*H. dilalata*
ウルマーシマトビケラ　*H. orientalis*
キタガミトビケラ科　Limnocentropodidae
キタガミトビケラ　*Limnocentropus insolitus*
トビケラ科　Phryganeidae
ムラサキトビケラ　*Eubasilissa regina*
カクスイトビケラ科　Brachycetridae
マルツツトビケラ　*Micrasema* sp.
オオハラツツトビケラ属の一種　*Eobrachycentrus* sp.
カクツツトビケラ科　Lepidostomatidae
オオカクツツトビケラ　*Neoseverinia carssicornis*
スナツツトビケラ属の一種　*Dinarthrum* sp.
ツダカクツツトビケラ　*Goerodes tsudai*
エグリトビケラ科　Limnephilidae
ホタルトビケラ　*Nothopsyche ruficollis*
クロツツトビケラ科　Uenoidae
クロツツトビケラ　*Uenoa tokunagai*
ニッポンアツバエグリトビケラ　*Neophylax japonicus*
ニンギョウトビケラ科　Goeridae

ニンギョウトビケラ　*Goera japonica*
キョウトニンギョウトビケラ　*G. kyotonis*
ホソバトビケラ科　Molannidae
ホソバトビケラ　*Molanna moesta*
アシエダトビケラ科　Calamoceratidae
クチキトビケラ属の一種　*Ganonema* sp.
フトヒゲトビケラ科　Odontoceridae
フタスジキソトビケラ　*Psilotreta kisoensis*
ヨツメトビケラ　*Perissoneura paradoxa*

尾越周辺で採集された蝶リスト

種名	成虫の発生時期	幼虫の餌となる植物
シジミチョウ科		
ウラゴマダラシジミ	5月下旬～6月	イボタノキ・ミヤマイボタ
アカシジミ	5月下旬～6月	ブナ科（クヌギ、コナラ、ミズナラ）
ミズイロオナガシジミ	6月～7月	ブナ科（クヌギ、コナラ、ミズナラ）
ウラクロシジミ	6月～8月	マンサク、マルバマンサク
ジョウザンミドリシジミ	6月下旬～7月	ミズナラ、コナラ、カシワ
エゾミドリシジミ	7月上旬～8月	ミズナラ、ときにコナラ、カシワ
ミドリシジミ	6月～7月	ハンノキなど
アイノミドリシジミ	6月下旬～8月	ミズナラ、コナラ
メスアカミドリシジミ	7月～8月	サクラ類（マメザクラなど）
ヒサマツミドリシジミ	6月～8月	ウラジロガシ類など
ウスイロオナガシジミ	7月～8月	ミズナラ、カシワ
フジミドリシジミ	6月～7月	ブナ、イヌブナ
ジャノメチョウ科		
ヒメキマダラヒカゲ	6月～8月	ササ類
クロヒカゲ	4/5月～10月	ササ類・タケ類
セセチョウ科		
ミヤマセセリ	3月～4月	クヌギ、コナラ、ミズナラ、カシワ
キマダラセセリ	7月～8月	イネ科のエノコログサ、ススキなど
ホソバセセリ	6月～7月	ススキ、カリヤスモドキ（イネ科）
オオチャバネセセリ	6月～10月	タケ類（クマザサ、メダケなど）
ミヤマチャバネセセリ	4～5月/7～8月	イネ科のススキ
チャバネセセリ	5月～10月	イネ科のススキ、イネなど
タテハチョウ科		
オオウラギンスジヒョウモン	6月～9月	タチツボスミレなど
ミドリヒョウモン	5月～10月	タチツボスミレなど
アサマイチモンジ	5～9月	スイカズラ科
ミスジチョウ	6月～8月	イロハカエデなどのカエデ科
サカハチョウ	4～5月/7～8月	コアカソなどのイラクサ科
キタテハ	6月～10月	クワ科のカナムグラ、ヤブマオなど
スミナガシ	5～6月/7～8月	アワブキ、ヤマビワ、ミヤマホウソ
シロチョウ科		
ツマキチョウ	3月下旬～5月	ヤマハタザオなどのアブラナ科
モンキチョウ	3月～11月	シロツメクサなどのマメ科植物
スジボソヤマキチョウ	6月～7月	クロウメモドキ、クロツバラ
マダラチョウ科		
アサギマダラ	4月～11月	キジョラン、カモメズルなど
テングチョウ科		
テングチョウ	6月～10月	エノキ、エゾエノキ

著者プロフィール
高桑　進（たかくわ　すすむ）
1948年、富山県生まれ。1975年、名古屋大学大学院理学研究科博士課程修了。理学博士。1977-1978年、日本学術奨励会奨励研究員。1980-1981年、アメリカ合衆国ミズーリ州立大学生化学部に研究員として勤務。1982年より京都女子大学・京都女子大学短期大学部に勤務。専門は微生物学・環境教育。1990年から５年間かけて京女の森の総合的な環境調査を行う。1995年より、京女の森でいのちと触れあう体験に基づく生命環境教育を実践中。趣味は野草と野鳥等の自然観察、新聞切り抜き、渓流釣り等。現在、「微生物による環境浄化」と「生命環境教育」に取り組んでいる。著書（分担執筆）に『極限環境微生物ハンドブック』、『総合的な学習－演習編』（2001）、『環境保全学の理論と実践Ⅱ』（2002）、訳書に『微生物の世界』（1997、H.ゲスト著、培風館）がある。
Ｅメール：takakuwa@kyoto-wu.ac.jp

京都北山　京女の森

2002年10月20日　初版第１刷発行
定価はカバーに表示してあります
著　者　高桑　進
発行者　中西　健夫
発行所　株式会社ナカニシヤ出版
〒606-8316　京都市左京区吉田二本松町２
電話　075-751-1211
FAX.　075-751-2665
振替口座0130-0-13128
URL　http://www.nakanishiya.co.jp/
E-mail　iihon-ippai@nakanishiya.co.jp

落丁・乱丁はお取り替えします。

製作；装丁・ワークスＡ／印刷・ファインワークス／製本・兼文堂
ISBN4-88848-738-3　C0025